切花百合生理及栽培保鲜技术

吴中军　夏晶晖　编著

西南交大出版社
·成　都·

图书在版编目（CIP）数据

切花百合生理及栽培保鲜技术 / 吴中军，夏晶晖编著. —成都：西南交通大学出版社，2020.5
ISBN 978-7-5643-7296-5

Ⅰ. ①切… Ⅱ. ①吴… ②夏… Ⅲ. ①百合科－切花－观赏园艺－研究 Ⅳ. ①S682.1

中国版本图书馆 CIP 数据核字（2019）第 284898 号

Qiehua Baihe Shengli ji Zaipei Baoxian Jishu
切花百合生理及栽培保鲜技术
吴中军 夏晶晖 编著

责任编辑 牛 君
封面设计 何东琳设计工作室
出版发行 西南交通大学出版社
（四川省成都市金牛区二环路北一段 111 号
西南交通大学创新大厦 21 楼）
发行部电话 028-87600564 87600533
邮政编码 610031
网址 http://www.xnjdcbs.com
印刷 四川煤田地质制图印刷厂
成品尺寸 148 mm×210 mm
印张 7
字数 168 千
版次 2020 年 5 月第 1 版
印次 2020 年 5 月第 1 次
书号 ISBN 978-7-5643-7296-5
定价 36.00 元

图书如有印装质量问题 本社负责退换
版权所有 盗版必究 举报电话：028-87600562

Preface 前言

花卉种植在我国有悠久的历史。随着全面建成小康社会目标的即将实现，人民生活水平日益提高，人们对花卉产品的需求也进一步提升。我国切花的种植有极强的劳动密集型特点，具有独特的优势，同时切花产品属于高附加值的农产品，目前全国花卉年销售额约在1600亿元。因此，花卉产业对于提高农民收入，帮助农民脱贫攻击具有重要的意义。

百合寓意“百年好合”，在国人心目中一直是圣洁、庄严和幸福的代名词，是吉祥之花。中国是百合属植物的故乡，早在2000多年前，中国就把百合作为药用植物使用。百合在中国的发展也首先开始于食用百合和药用百合的栽培和利用，并逐渐形成了以甘肃兰州百合、江西万载和湖北隆回龙牙百合、江苏宜兴百合为中心的三大食用百合产区。

我国切花百合的生产时间较短，但发展较快，尤其是进入21世纪以来，发展迅速。目前，我国切花百合生产主要集中在云南、辽宁凌源，近几年又开始向广东从化、浙江海宁、江苏连云港和福建南平等地发展。据官方统计，2015 年我国百合生产面积 8823.9 hm^2，销售量 14.3 亿支，销售额 35 亿元，居四大切花之首。

我国切花百合种植规模发展虽快，但种球却一直依赖进口，据统计，2015 年我国从荷兰进口种球 2.6 亿粒，而自产百合种球大约 4000 万粒，繁殖数量少，品质较差，远远不能满足国内生产需求。

另外，花朵和叶片的衰老和脱落也是花卉产业遇到的主要问题之一，它降低了切花的产量和品质。切花百合花朵和叶片衰老主要受遗传基因的支配，同时也受到光照、温度、水分、营养和植物激素的影响。因此，切花百合花朵衰老和叶片衰老的机理和保鲜技术，也成为目前研究和应用的热点之一。

作者自工作以来一直从事园艺植物栽培的研究，至今已有三十余载，近年来，又有兴趣和机会从事球根花卉，特别是百合的研究工作，在栽培管理、花的衰老和保鲜等方面进行了积极的探索，取得了一点成果，想为中国的百合产业尽绵薄之力，也期待百合产业的“中国创造”和“中国制造”，所以编写了本书。

本书从百合栽培的价值，百合的自然分布，百合的种类和品种，百合的生长发育规律，百合花形成的机理，百合生长与环境条件的关系，百合的繁殖方法和技术，百合的栽培管理，百合花朵衰老机理和百合花保鲜技术等方面，较为全面地介绍了切花百合栽培生理领域最新的研究进展，尤其是百合花朵形成的理论基础，切花百合花朵的衰老生理和分子基础以及生产实际中的应用技术。本书进一步丰富了我国在百合这一重要的切花植物的栽培、保鲜领域和应用技术的研究工作。

本书适合从事百合育种、栽培乃至园艺领域的科研人员、生产技术人员、高等学校师生等作为参考。

在该书即将出版之际，感谢我的研究生郑书虹、王露和李苗苗同学的辛勤工作；感谢重庆文理学院园林与生命科学学院吴林博士、李哲馨博士对第十章部分内容的审阅与修改；感谢西南交通大学出版社给予的大力支持和帮助。

由于作者水平有限，从事百合研究的时间不长，书中难免存在疏漏之处，恳请行业内专家和读者不吝赐教。

吴中军

2019 年 4 月

于重庆文理学院博文馆

Contents 目录

第一章　概　述

第一节　切花百合栽培的价值

百合为百合科百合属植物，其花茎挺拔，花朵硕大，花色各异，姿态优雅，芳香宜人，常被人们视为纯洁、光明和幸福的象征；又寓意百年好合，备受人们喜爱，是著名的球根花卉。自古西方人把百合作为圣洁的象征，切花用于宗教礼仪活动已有 200 多年的历史。目前，百合是继世界五大切花（月季、香石竹、菊花、唐菖蒲和非洲菊）之后的一支新秀，在国际花卉市场上，切花百合以其优雅的花姿、丰富的色彩、众多的品种和美好的寓意被誉为球根花卉之王，近年来在我国的栽培面积不断扩大，已成为鲜切花市场的新贵。

花卉消费是物质消费，更是一种精神和文化消费。研究表明，花卉消费水平随恩格尔系数的降低而提高。改革开放以来，我国人民生活水平逐步提高，人们在温饱问题解决以后，追求更高的生活质量、生活环境和生活品位，社会对花卉的需求在不断增长。礼仪送花已经逐步替代馈赠食品、用品的习惯；用鲜花装饰婚礼、庆典已成为时尚；随着住房条件的改善，花卉开始进入寻常百姓家庭；城镇的绿化美化、景观建设用花量在逐年增加；节日花卉消费是我国花卉市场的一大亮点，春节、国庆节、教师节、情人节、母亲节等节日，都是花卉消费的高潮。正是由于消费市场的逐步扩大，拉动我国的花卉业从小到大，不断发展。

随着当今花卉业的不断发展，花卉成为全球性的贸易商品，百合作为一种大宗性的切花，其全球贸易额已达20亿美元。百合由于种类多、花型花色各异，通过杂交育种已培育出众多品种。目前栽培的百合多为杂交品种，切花栽培的百合品种主要有四类：亚洲百合杂种系（Asiatic Hybrids）、东方百合杂种系（Oriental Hybrids）、麝香百合杂种系（Longiflorum Hybrids），以及麝香百合与亚洲百合杂种系（LA Hybrids）。在世界范围内，百合花的生产消费一直呈现高速发展的趋势。但是，我国切花百合生产中存在一个不争的事实：生产切花所用的种球基本依赖从荷兰进口。据朱培贤等（2005）报道，我国保护地栽培的亚洲系切花百合品种中进口种球占33%~50%，东方系品种中进口种球占75%。仅一年就从荷兰进口2亿多枝百合种球，而且这种需求还在继续增长。

重庆市是一个年轻的直辖市，虽然近年来花卉业得到了较快的发展，2017年，全市花卉种植面积2.55万公顷，产值8.7亿多元人民币，但是绝大部分集中在木本花木和绿化苗木上，而包括百合在内的鲜切花主要来自云南昆明，价格也相当可观，在几个主要的节庆日一枝百合切花可以卖到10~15元，很显然不能满足重庆市巨大的市场需求。

习近平总书记在党的十九大报告中庄严宣告，中国特色社会主义进入了新时代。目前，我国社会的主要矛盾，是人民群众不断增长的美好生活需要，同不平衡不充分的发展之间的矛盾。他明确提出，实施乡村振兴战略。农业农村农民问题是关系国计民生的根本性问题，必须始终把解决好“三农”问题作为全党工作重中之重。要坚持农业农村优先发展，按照产业兴旺、生态宜居、

乡风文明、治理有效、生活富裕的总要求，建立健全城乡融合发展体制机制和政策体系，加快推进农业农村现代化。党的十八大以来，习近平总书记把脱贫攻坚摆在治国理政的突出位置，发挥社会主义制度优越性，逐步实现全体人民共同富裕，从实现党的第一个百年奋斗目标的战略高度，提出“打赢脱贫攻坚战是全面建成小康社会的底线任务”。习近平总书记指出，消除贫困、改善民生、逐步实现共同富裕，是社会主义的本质要求。农村贫困人口如期脱贫、贫困县全部摘帽、解决区域性整体贫困，是全面建成小康社会的底线任务，是我们做出的庄严承诺。全面建成小康社会、实现第一个百年奋斗目标，最艰巨的任务是脱贫攻坚，这是一个最大的短板，也是一个标志性指标。全面建成小康社会，一个不能少；共同富裕路上，一个也不能掉队。

花卉业是劳动密集型产业，我国劳动力充裕，成本相对较低，这是我国发展花卉业的一大优势。花卉业作为农业的重要组成部分，集经济、社会、生态效益于一体，发展花卉业，对于城乡融合发展，发展农村经济，增加农民收入，整洁村容，文明乡风，扎实推进社会主义新农村建设；对于美化生活陶冶情操，改善环境，构建社会主义和谐社会，都具有十分重大的意义。城镇化进程的加快，城镇绿化美化工程的建设，都将推动花卉业的发展。花卉业的发展，也必将为农业增效、农民增收，特别是脱贫致富，为缓解城乡就业压力，为推动社会主义新农村建设、全面建成小康社会做出积极的贡献。

国家统计局统计数据显示，从 1978—2017 年，我国城乡居民的恩格尔系数从 67.7%下降到 29.3%，人民的消费结构发生了巨大的变化（图 1-1）。

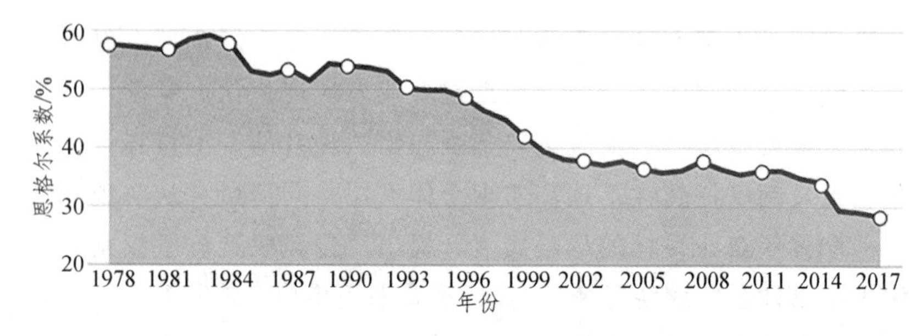

图 1-1　1978—2017 年城镇居民家庭恩格尔系数走势

全面建成小康社会，国内生产总值到 2020 年将比 2000 年翻番，人们生活将更加富裕，城乡居民的恩格尔系数也将进一步下降，人们有可能拿出更多的钱用于花卉消费。我国人口超过 13 亿，随着国民经济的持续发展和人们生活水平的不断提高，加上源远流长、内涵丰富的花卉文化，我国将成为一个十分巨大的花卉消费市场。荷兰、日本、美国等国家的花卉及相关企业纷纷进入国内，正是看好我国的花卉消费市场。

由此可见，鲜切花的市场前景是非常诱人的。

第二节　百合栽培的历史

中国是栽培百合最早的国家。南北朝时（420—589）梁宣帝之三子萧察曾为百合题诗曰“接叶多重，花无异色，含露低垂，从风偃抑”，以此赞美百合花之纯洁。大约到了唐代（618—907），已有了栽培百合的记载，《集异记》载：“兖州徂徕山寺日光化，客有习儒业者，坚志栖马。夏日因阅画壁于廊序，忽逢白衣美女，年十五六，姿貌绝异，因秀之于室，情疑甚密。及去，以白玉指

环遗之。因上寺门楼隐身，日送白衣行，计百步许，然不见。乃识其处，寻见百合苗一枝，白花绝伟……”唐代王勔著《百合花赋》中说：“荷春光之余照，托阳山之峻趾，比蓂荚之能连，引芝芳而自拟……”可以肯定，食用百合的栽培至少是在唐朝开始的，当时人们不仅喜食其鳞茎，还欣赏其花色的美丽。

到了宋代，有更多著名诗人写出了赞美百合的诗句，如苏辙（1039—1112）咏百合“山丹得春雨，艳色照庭除。末品何曾数，群芳自不如……”；陆游（1125—1210）也利用窗前的土丘种植百合花，咏百合花“芳兰移取遍中林，余地何妨种玉簪，更乞两丛香百合，老翁七十尚童心”。在宋代诗人晁补之心中，百合和忘忧草一样，可以使人心情愉悦，消除烦恼。他这样写道：“永日向人妍，百合忘忧草。午枕梦初回，远柳蝉声杳。”

到了明朝，中国古代著名的医药学家李时珍（1518—1593）于 1578 年完成了《本草纲目》，该著作内容丰富，既包含了早期药典中的精华，也增加了李时珍本人的经验。他在书中描述了 1800 多种药用植物，并详细记载了“百合，一茎直上，四向生叶，叶似短竹叶，不似柳叶，五六月茎端开白花，长五寸绿出小蕊……”，且明确地辨别了 3 种不同的百合，并分别称之为“百合”“渥丹”和“卷丹”，曰“叶短而阔，微似竹叶，白花四垂者，百合也；叶长而狭，尖如柳叶，红花不四垂者，山丹也；茎叶似山丹而高，红花带黄而四垂，上有黑斑点，其子先结于枝叶间者（珠芽），卷丹也”。

明代王象晋（1561—1653）的《群芳谱》汇集了历代的百合资料和诗词歌赋，此书是 17 世纪初出版的一部重要著作，列举了大量的植物种，其主要内容是关于有观赏价值的植物，所以大致可以确定书中所列举的植物在当时已在庭园中栽植。

图 1-2　郎世宁《仙萼长春图》之卷丹缠枝牡丹

大约到 1621 年，当《群芳谱》完成时，中国生产栽培的百合大约有 6 种，它们都是中国中部和东部常见的百合，即野百合、渥丹、山丹（细叶百合）、卷丹、条叶百合，及被称为“洋百合”的大花卷丹。据记载，在百合的繁殖方面，当时人们已经掌握了用鳞片繁殖百合的方法，已有包括鳞片繁殖和珠芽繁殖在内的多种繁殖技术得到应用。但在进行大量繁殖时，鳞片繁殖无疑是一种最常用的方法。

《群芳谱》所说的“麝香、珍珠二种”，其中的“麝香”花微黄，甚香；“珍珠”花红有黑点，茎叶中有紫珠，即李时珍所说的卷丹。

在 17 世纪中后期至 18 世纪初产生了一大批有关庭园及其植物栽培的重要著作，其中最著名的一部著作是清代陈淏子所著的《花镜》（1688）。该著作介绍了庭园管理的任务及包括浇水、虫害

防治等许多不同繁殖方法在内的庭园管理技术，还描述了39多种观赏植物，其中还详细记载了包括野百合（*L. brownii*）、天香百合（*L. auratum*）、麝香百合（*L. longiflorun* Thunb）、卷丹（*L. lancifolium* Thunb）等在内的各种百合的形态特征和用途。

图 1-3　俞致贞《百合蝴蝶》

到1765年，中国已经建立了百合的栽培区，并成为药用和食用百合鳞茎的主要来源。如在江苏的宜兴地区建立了卷丹的生产基地，在甘肃建立了兰州百合（*L. dividii Var*）的生产基地，同时在四川和云南等地也广泛种植了川百合（*L. davidii*）等多种百合。在最近的数十年中，又有多种野百合得到栽培，主要种植在各地的植物园内。例如，在南京的中山植物园就有大约12种百合，其中包括青岛百合和药百合。云南的昆明植物研究所也收集了多种野百合，其中包括王百合、宝兴百合、大理百合、淡黄花百合、滇百合等。

在古代西方，百合被认为是所有花卉中历史最长的一种。白色的百合因朴素和纯洁而受到重视。在古希腊和古罗马的婚礼中，人们给新娘戴上百合编成的花冠，寓意着五谷丰登、百年好合，祝福新郎和新娘拥有纯洁富足的生活。直到现在，人们还能在古代的花瓶上以及克立特岛和埃及的许多物品上找到百合的图形（图 1-4）。在中古世纪，百合花象征着女性之美。白色百合花还是圣母玛利亚纯洁的象征，被认为是圣母之花，而黄色百合花则表示感激和快乐。在基督教中，百合花象征着纯洁、贞洁和天真无邪。在复活节时，百合花束经常出现在基督徒家庭中，因为它是耶稣复活的象征。

图 1-4　克里特岛米诺斯王宫的壁画（百合花）

从史料来看，在西方米诺文明时代就有百合花的图形。据《圣经》中记载，在以色列国王所罗门时所建造的寺庙柱顶上，已有百合花形的纹样装饰。16 世纪末，英国植物学家开始用科学植物分类法来鉴别大多数欧洲生产的百合。17 世纪初，美国原产百合开始传入欧洲。18 世纪后期，中国原产的野百合也相继传入欧洲，百合在欧美庭园中开始成为一类重要的花卉。19 世纪后期，由于百合病毒的蔓延，百合濒临灭绝。到 20 世纪初，中国的王百合（*L. regale*）传入欧洲，立即用于杂交育种，从而育成许多适应性强的新品种，百合得以重放光芒。第二次世界大战后，欧美各国掀起了百合育种的新高潮，原产中国的许多种和变种成了重要的育种亲本，育出了许多品质优异的新品种。

第三节　百合的起源和分布

百合，是百合科（Liliaceae）、百合属（*Lilium*）植物的统称。百合的英文名称为 Lily，拉丁文名称为 *Lilium* spp。目前全世界已定名的百合有 85 种之多，在中国植物志上有 39 种百合。

一、百合的起源

考古化石研究证明，百合类植物起源于北极圈附近的岛屿。在地质史第三纪时，地球温度逐渐变冷，百合属植物被迫一步步向南推移；到冰河时期，这种变冷达到顶点，百合属植物分别在能栖息的各种生态环境中生存下来，形成了人类史前的分布状态。

二、百合的自然分布

百合原产自然种主要分布在亚洲、欧洲、北美洲，按其起源分别称为：亚洲百合原种、欧洲百合原种、北美洲百合原种等。

1. 欧洲和西亚百合种分布概况

（1）欧洲百合原产种：珠芽百合、白花百合、红花巴尔干百合、加尔西顿百合、欧洲百合、绒球百合、比利牛斯百合，共 7 种。

（2）高加索与西亚百合原产种：凯塞利百合、莱氏百合、欧洲百合、高加索百合、黑海百合、斯佐百合、多叶百合，共 7 种。

2. 北美洲百合种分布概况

（1）北美洲东部或大西洋沿岸与中部百合原产种：加拿大百合、卡氏百合、格雷百合、彩虹百合、卡罗来纳百合、密执安百合、费城百合、沼泽百合，共 8 种。

（2）北美洲西部或太平洋沿岸百合原产种：嵌环百合、哥伦比亚百合、汉博百合、凯洛百合、海滨百合、依斯伍德百合、希望百合、豹斑百合、帕里百合、内华达岭脊百合、费城百合、变红百合、沃尔梅百合、华盛顿百合，共 14 种。

3. 亚洲百合种分布概况

（1）印度百合原种：① 印度南部百合原产种：尼尔基里百合，共 1 种。② 印度北部百合原产种：紫斑百合、多叶百合、沃利夏百合、荞麦叶大百合，共 4 种。

（2）缅甸北部及阿萨姆邦南部百合原产种：滇百合、曼尼浦尔百合、淡黄花百合、披针叶百合、荞麦大百合，共 5 种。

（3）泰国和越南百合原产种：波氏百合、披针叶百合，共 2 种。

（4）菲律宾百合原产种：仅 1 种，即菲律宾百合。

（5）日本、琉球群岛及库页岛百合原产种：天香百合、琉球

条叶百合、毛百合、日本百合、大花卷丹、荫香百合、轮叶百合、香花丽百合、红点百合、美丽百合、卷丹、心叶大百合，共 12 种。

（6）朝鲜半岛百合原产种：朝鲜百合、条叶百合、垂花百合、握丹、毛百合、东北百合、汉森百合、轮叶百合，共 8 种。

（7）俄罗斯远东地区百合原产种：山丹、毛百合、轮叶百合，共 3 种。

（8）中国百合原产种：中国原产百合种在 47 种以上，且特有种多，分布区域广。

三、中国原产的百合

中国是百合的主要原产地之一，种类丰富，且特有种多。世界上目前已正式定名的百合有 85 种之多，原产于中国的达到 47 种，分布范围北起黑龙江，西至新疆，东南起台湾，西南到云南。从山东半岛到华中地区，从黄河流域到长江流域，从祖国大陆到宝岛台湾等，基本上各地均有百合分布，中国是名副其实的百合种植物自然分布中心。

1. 中国原产百合种分布概况

（1）西南部（主要是云南和四川西部）百合原产种：玫红百合、滇百合、野百合、川百合、宝兴百合、绿花百合、墨江百合、乳头百合、大理百合、丽江百合、岷江百合、松叶百合、文山百合、单花百合、通江百合、蒜头百合、乡城百合、开瓣百合、光被百合、马唐百合、小百合、淡黄花百合，共 22 种。

（2）西藏百合原产种：卓巴百合、紫斑百合、藏百合、多叶百合，共 4 种。

（3）华中及西南部分区域百合原产种：紫红花百合、滇百合、野百合、渥丹、川百合、绿花百合、湖北百合、宜昌百合、金佛山百合、药百合、会东百合、南川百合、蝶花百合，共13种。

（4）西北部百合原产种：野百合、川百合、宜昌百合、宝兴百合、新疆百合、山丹，共6种。

（5）中东部百合原产种：野百合、渥丹、山丹、卷丹、青岛百合、安徽百合，共6种。

（6）东北地区百合原产种：毛百合、渥丹、山丹、垂花百合、条叶百合、卷丹、朝鲜百合、董氏百合、东北百合，共9种。

（7）东南地区百合原产种：野百合、台湾百合、药百合、麝香百合，共4种。

据有关方面统计，现在至少有5种以上的中国百合原产种处于极度濒危状态，如原产于四川西部、云南西北部的墨江百合、紫花百合，原产于四川的乡城百合及产于四川木里、云南、西藏的开瓣百合等，而原产于吉林的条叶百合已基本绝迹。

百合届植物原始种具有较高的观赏价值，因而直接挖掘种球、采摘自然花枝的情况极为严重，而采用科学方法人工增殖的工作基本没有开展。总的趋势是对百合资源人为的“掠夺消耗”过度，已导致百合野生资源逐步走向枯竭，因此加强百合野生资源的有效保护及科学开发研究已迫在眉睫。

四、国内外百合生产的现状

我国百合切花生产的时间较短，但发展较快，尤其是2000年以来发展十分迅猛，目前已经成为我国的四大切花之一。我国有一定种植规模的百合切花企业有60余家，主要集中在云南、辽宁凌源，近几年又开始向广东从化、浙江海宁、江苏连云港、福建南平等地发展。据农业部数据统计，2015年我国百合生产面积

8823.9 hm^2，仅次于四大切花之首的玫瑰，销售额 35 亿元，居四大切花之首。

百合也是世界四大切花之一，欧洲国家十分重视百合育种，选育出了一批花色丰富、花形多姿、花期较长、具有浓郁香气的新品种，受到种植者和消费者的普遍欢迎。百合育种商和种球生产商主要集中在荷兰（表 1-1），荷兰育种商每年推出几百个百合新品种，每年百合种球销量约 17 亿粒，约占全球百合种球产量的 85%；每年出口种球 13.6 亿 ~ 14.5 亿粒，占销量的 80% ~ 85%。中国是荷兰种球出口的第一大国，因此荷兰非常重视中国市场的开发，培育出了很多适合中国气候生长环境，满足中国市场消费需求的百合新品种，甚至有的就用中国名字命名。如在第七届荷兰百合日活动中，就展出了被命名为“福建”“大连”“北京月亮”等众多百合流行品种和新品种。

表 1-1　荷兰的百合种植面积　（单位：hm^2）

种	2006	2009	2011	2013	2014
东方杂种百合	1754.7	1384.0	1549.3	1571.4	1391.8
LA 杂种百合	782.3	741.7	905.2	906.5	923.2
OT 杂种百合	214.7	262.5	438.3	443.	453.2
亚洲杂种百合	640.8	459.9	365.3	364.8	323.0
LO 杂种百合	36.9	51.2	34.3	31.1	41.8
麝香百合	123.3	29.1	27.7	32.4	40.1
其他	85.1	35.2	20.2	26.4	27.3
喇叭形杂种和奥列莲杂种	6.9	9.7	1.9	5.6	5.9
东方亚洲杂种	0.4	0.6	1.7	1.1	0.7
合计	3645	2974	3344	3383	3207

资料来源：第十二届国际球宿根花卉研讨会，中国昆明，2016。

我国切花百合种球种植规模发展虽快，但种球却一直依赖进口。我国切花百合生产每年需要种球 3 亿粒左右。据了解，2015 年我国进口荷兰百合种球约 2.6 亿粒，而全国能生产百合种球的企业屈指可数，自产百合种球大约 4000 万粒，繁殖数量少，远远满足不了市场需求。有些自产种球质量不过关，带病毒率高，花质量差，得不到种植者的认可。种球问题一直困扰和制约着我国切花百合产业的发展，百合产业期待“中国创造”和“中国制造”（旷野，2017）。

表 1-2　2014 年中国主要的切花生产和消费

Type	Growing area (ha)	Sale quantity Hundred millon	Sale income Hundred millon RMB
Rose	14384.2	56.43	30.26
Dianthus Caryophyllus	3325.5	26.65	10.02
Lily	8977.2	15.66	39.42
Gladiolus	3307.9	3.69	2.29
Chrysanthemm	7426.7	25.24	12.21
Gerbera	5749.0	32.13	13.24
TOTAL	49013.3	159.5	149.02

资料来源：第十二届国际球宿根花卉研讨会，中国昆明，2016。

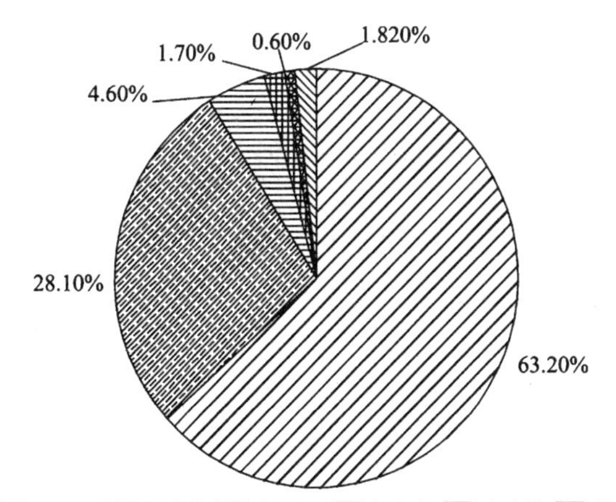

图 1-5　中国主要球根花卉栽培面积比例

资料来源：第十二届国际球宿根花卉研讨会，中国昆明，2016。

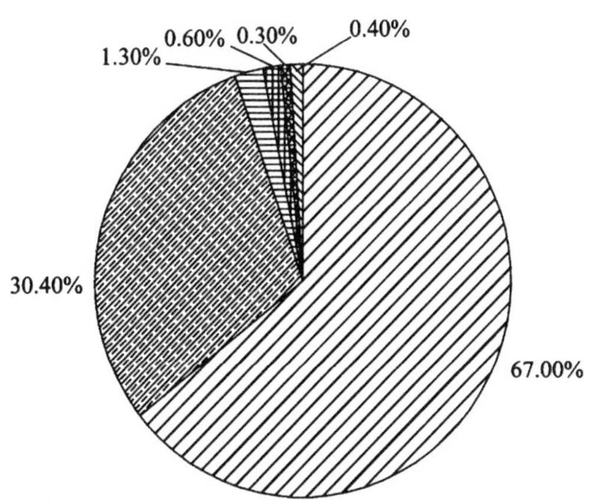

图 1-6　中国主要球根花卉销售量比例

资料来源：第十二届国际球宿根花卉研讨会，中国昆明，2016。

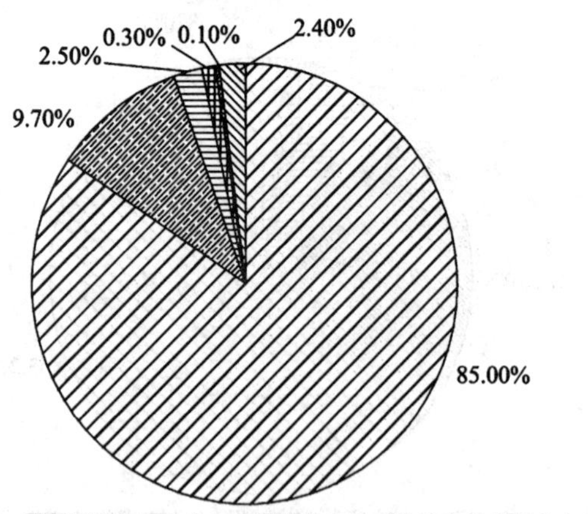

图 1-7　中国主要球根花卉销售收入比例

资料来源：第十二届国际球宿根花卉研讨会，中国昆明，2016。

第二章　百合植物的形态特征及生物学习性

第一节　百合植物的形态特征

百合为多年生草本植物，由地下部和地上部两部分组成。地下部由期茎、子鳞茎、茎根、基生根组成；地上部由叶片、茎秆、珠芽（有些百合无珠芽）、花序组成。

一、鳞茎特征

百合鳞茎是茎基部膨大变化的部分，在鳞茎盘上分层生长着数十枚鳞片，形状为球形、扁球形、卵形、长卵形、椭圆形、圆锥形等（图 2-1）。鳞茎形状因土壤质地、栽培技术、生长年龄不同而异。鳞茎无外皮包被，其颜色随种类、品种而异，有白色、黄白色、黄色、橙黄色、紫红色等。鳞茎的大小与种类、品种间存在着很大的差异，小的周径为 6 cm，质量为 7.8 g；大的周径为 24 ~ 25 cm，质量在 100 g 以上。鳞茎的大小与花蕾的数目密切相关，如麝香百合杂种系品种，周径为 10 ~ 12 cm 时，有 1 ~ 2 个花蕾；当周径在 12 ~ 14 cm 时，有 2 ~ 4 个花蕾；周径为 14 ~ 16 cm，花蕾有 3～5 个；周径大于 16 cm，花蕾在 4 个以上。

鳞片为椭圆形、披针形至矩圆状披针形，有节或无节，肉质，自内向外鳞片由大变小。鳞茎是储藏营养物质的器官，其中水分占 70%、淀粉占 23%，还含有少量的蛋白质、无机物、纤维、脂肪等。Lin 等 1970 年提出了百合鳞茎在百合生长发育过程中的作用，认为其鳞片数量与形成的叶片、花朵数目成正比，即鳞片越多，形成的叶片、花朵就越多；去除新球的鳞片会加速新球的萌发，但也会降低以后器官形成和增大的速度，降低叶片和花朵的数目，延迟开花。

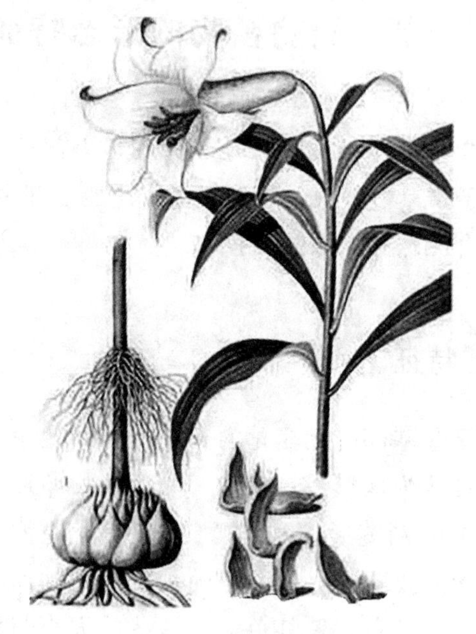

图 2-1　百合的鳞茎

二、根

百合类的根由茎根和基生根组成（图 2-2）。茎根，又称上根，

是由在土壤中的茎干所生，分布在土表之下，起支撑整个植株和吸收水分、养分的功能，其寿命为 1 年。基生根，又称下根，从鳞茎基部产生，多分枝，这类根粗壮，生长旺盛，是百合吸收水分、养分的主要器官，寿命在 2 年以上。

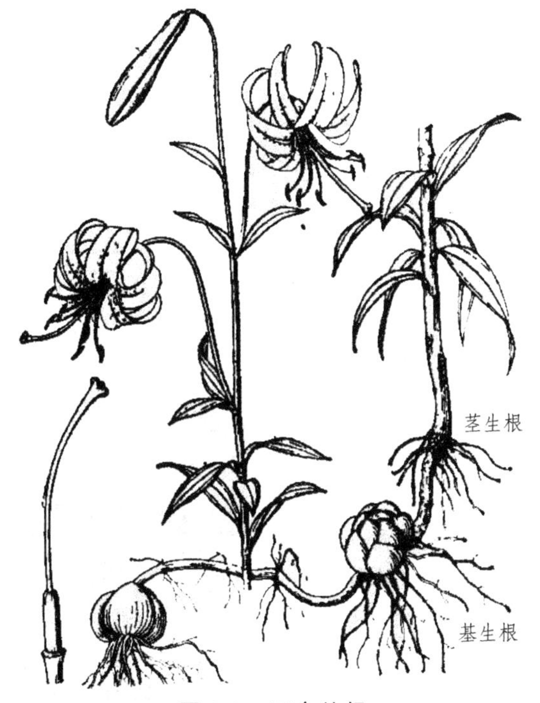

图 2-2　百合的根

三、叶

百合叶多散生，稀轮生；披针形、矩圆状披针形、矩圆状倒披针形、条形或椭圆形，先端渐尖，无柄或有短柄，全缘；叶大小因栽培条件、品种而异；叶片数目为 50 ~ 150 枚（随品种、栽培条件、处理时间而异）；具 1 ~ 7 条叶脉，其中中脉明显，侧脉次之，在叶表凹陷，叶黄绿色、绿色、浓绿，具光泽；质地柔软（图 2-3）。

四、子球和珠芽

绝大多数百合在茎根附近产生子球，其数目随品种、栽培条件而异，子球的周径为 3.0 ~ 6.0 cm。

五、花

花由几个部分组成，包括花被片、子房、胚珠、花柱带柱头（雌蕊）、花丝和花药（雄蕊），以及花托（图 2-4）。

图 2-3　百合的叶

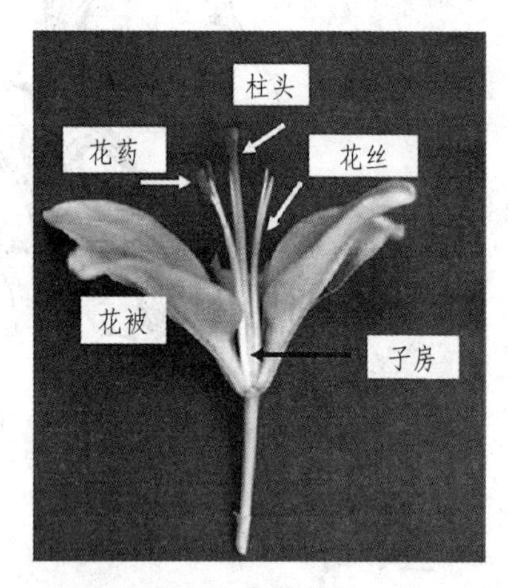

图 2-4　百合的花（一）

注：引自 Sun Ae Hwang，2012。

百合花单生或总状花序；苞片叶状，较小。花下垂、平伸或向上。花形是百合分类的主要依据，主要有：喇叭形，先端 1/3 向外反卷，如麝香百合杂种系类；漏斗形，先端 1/3 向外反卷，

如东方百合杂种系等；杯形，先端微反曲，如亚洲百合杂种系；球形，花被片 2/3 以上向外反曲，形状似球形，如鹿子百合（*L. speciosum*）等。花被片 6 枚，2 轮，离生，由 3 个花萼片和 3 个花瓣组成，颜色相同，但花萼片比花瓣稍狭，均为椭圆形，基部具蜜腺；许多品种花被片基部具大小不同的斑点或斑块；雄蕊 6 枚，中部与淡绿色的花丝相连，呈“T”形，花丝明显短于花柱；花柱较细长，柱头膨大，3 裂。子房上位，中轴胎座（图 2-5）。

图 2-5　百合的花（二）

1—柱头；2—花柱；3—花药；4—花丝；5—花瓣

花色极为丰富，有白色、粉色、粉红色、红色、黄色、橙红色、紫红色、紫色、杂色等；斑点或斑块的颜色有黑色、红褐色、红色、紫红色、黑褐色等；花粉的颜色有黄色、橙红色、红色、红褐色、紫褐色等。

六、蒴果和种子

百合的蒴果为长椭圆形，每个蒴果可产生数百枚种子，3 室裂，种子扁平，周围具膜质翅，形状半圆形、三角形、长方形（图 2-6）。种子大小、质量、数量因种类而异，如渥丹（*L. concolor*）种子小，长径仅有 5 mm 每克有 700 ~ 800 粒；而湖北百合（*L. henryi*）、天香百合（*L. auratum*）的种子大，长径为 12 cm，每克有 170 ~ 180 粒。在干燥、低温的贮藏条件下，种子可保存 3 年。

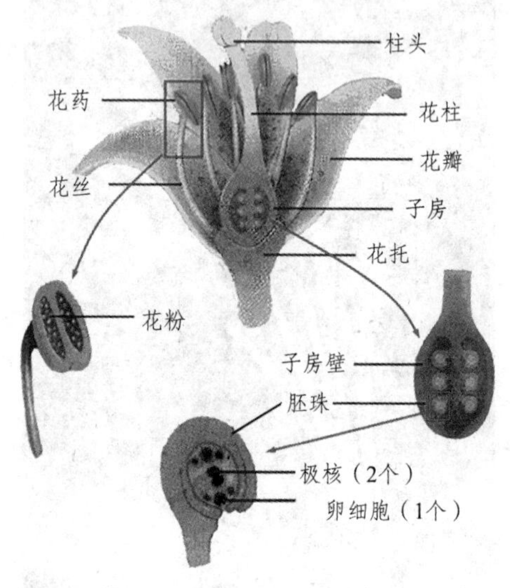

图 2-6　百合的蒴果和种子

第二节　百合的生长发育规律

一、自然生长规律

一般认为百合的自然生育期分为 4 个阶段：① 发芽期。从种

球下种，发芽，到叶片开始生长，这个阶段利用种球所贮藏的养分。② 生长期。叶片生长到露出花蕾，这个阶段叶片生长旺盛，光合产物开始由地上部分向地下部分转移。③ 开花期，从开花一直延续到花朵凋谢，这个阶段不管是地上部分、地下部分还是整株的干重都在迅速增加，母球的干重比其他器官增长更快。④ 种子成熟期。从花朵凋谢到采收，这个阶段植株的生长已经停止，只有子鳞茎的干重还在增加（Kawagishi et al，1996）。

二、鳞茎生长发育特性

百合鳞茎可以视为一个大的营养芽体，从形态发育上看则为植株的缩影。一个老鳞茎由鳞茎盘、老鳞片和新鳞片、初级茎轴和次级茎轴、新生长点组成。鳞茎是多世代的结合体，因此其发育质量受多代至少 2 个世代环境条件和栽培管理的影响。鳞茎大小常以周径或质量为衡量标准，鳞片数目多并且生长充实，则鳞茎质量就好。切花生产用的种球必须是由子鳞茎培育成的大鳞茎，即上年没有开过花的鳞茎，周径通常在 12 cm 以上。

三、茎生长发育特性

百合生长发育阶段可分为抽茎、现蕾、开花、结实、枯死。将打破休眠的鳞茎种到土里，从发芽到露出土面，所需时间约为 2 周。如果低温处理不完全的鳞茎，或鳞茎生长在较低温度下，发芽会延长到 5 周。从抽茎到现蕾依品种及生长温度不同，一般需要 2 ~ 8 周。现蕾到开花需要 4 ~ 7 周，品种间差异小，而受温度影响比较大，有 2 周左右的变化范围。亚洲百合杂种系从定梢到开花一般都在 12 周左右，但也有些品种如 KinLs、Lotus 只需要 9 周，Adelina、Yellow Blaze 等则需要 16 ~ 17 周。东方百合杂种系从定植到开花，一般都在 16 周左右，但个别品种如 Dame Blanche 只用 11 周，Casa Blanca 则需要 20 周。麝香百合杂种系生长期长短和东方百合杂种系一样，但也有些品种如 Salmon Queen 和 Centurion 从定植到开花只需要 10 周。

百合为假单轴茎，是由短缩营养芽抽生而成，在鳞茎内百合茎轴分为初级茎轴和次级茎轴。初级茎轴顶端为短缩营养芽；次级茎轴位于短缩营养芽与新鳞片之间，数目有 1 ~ 3 个，是下代子球发育中心，带有少数叶原体，特定发育为子球的新鳞片。

百合打破休眠后，初级茎轴在侧芽上方，茎抽为第一伸长区，将短缩芽顶出土面，其上叶片开始展开，说明茎上叶片原基在子球内已大致形成，在采收时其数目已固定。采收后或低温处理过程中虽然可能会再生叶原基，但其数目有限。植株高度取决于叶片数及节间长度。叶片数受品种、前季生长条件及低温处理和生长调节剂的影响，但因鳞茎的叶原基数目在定植前已固定，因此株高主要是由节间长度决定的。弱光、长日照、低温及冷藏前处理均能促进节间伸长；反之，强光、短日照和高温则抑制节间伸长。光处理在现蕾前后 4 ~ 5 周最有效，对亚洲百合杂种株高的有效调节范围为 10 ~ 16 cm。亚洲百合杂种系在低温处理不足或贮藏时间过长时，植株会矮化，会影响切花品质。

四、花芽分化及开花

1. 花芽分化

花芽分化作为植物从营养生长进入生殖生长的标志，在植物

的一生中起着至关重要的作用。花芽分化简单地说就是在植物生长发育到一定阶段，顶端分生组织在感受光、温度等因子以及在某些激素的作用下，不再形成叶原基和腋芽原基，而逐渐发育为花原基和花序原基，这一系列生理生化及形态结构的变化即为花芽分化。植物从开始接受开花诱导到花芽分化，茎尖内部经历了一系列的生理生化变化，通常称为花芽的生理分化。在花芽生理分化完成或即将完成时，开始花芽分化的启动，发生花芽的形态分化。

在切花生产实际中，花芽分化的好坏直接关系到切花产量的高低。在生产实践中，掌握花芽分化进程，对比较准确地把握施肥和浇水时期是十分有益的（钟衡，1984；吴吕陆等，1995；杨秋生等，1997）。除此之外，了解花芽形态分化的过程及花芽分化的影响因素，可以为花期控制、类群划分、品种培育等提供科学依据（郭志刚等，2001，韦三立等，1995）。

花芽分化的起始与结束是植物转变生长与发育状态的过渡时期。通过对该过程的观察，人们发现，进入花芽分化时，植物的生长锥顶端普遍增宽而变成圆形或半圆球形。在半圆球形分生组织周围会有规律地按螺旋形轮生状排列发生一定数量的瘤状凸起，这些瘤状凸起进而发育成花器官的各个部分（黄章智，1990；黄蓉，1990）。

一般将花芽形态分化期划分为：花原基产生时期、萼片分化期、花瓣分化期、雄蕊分化期、雌蕊分化期。

黄济明等（1985）对麝香百合花芽分化进行观察发现，其分化特点为植物的茎端由未分化时的半圆球形产生 1 个或 2 个明显的球状突起，之后花芽上出现 3 个外轮花瓣原基，其内侧间歇有 3 个内轮花瓣原基，形成最后花芽，中央是 6 个雄蕊和 1 个雌蕊。宁云芬等（2008）通过观察新铁炮百合的花芽分化过程，将花芽分化进程分为未分化期、分化初期、花序原基和小花序原基分化期、花器官分化期、花序形成期 5 个时期。郭蕊等（1999）采用石蜡切片和扫描电镜的方法对百合花芽不同分化时期进行了形态学观察，将百合鳞茎内顶端生长点的分化进程分为营养生长期、花原基分化期、花被分化期、雄雌蕊分化期以及整个花序形成期 5 个时期。

百合的花芽分化是一个缓慢而复杂的过程，包括生理分化、形态分化和性细胞分化 3 个阶段，在花芽生理分化过程中，淀粉、糖以及激素类物质所起的作用都是很重要的。

植物激素对花芽分化起着重要的调控作用。花芽分化不是由一种激素控制的，而是多种激素综合调节的（崔薇、吕忠恕等，1986）。Luckwill（1970）提出了激素平衡假说，认为 CTK/GA 的比值控制花芽分化。国内对 ABA 和 GA 对百合花芽分化影响的研究居多。郭蕊等（2007）研究认为 ABA 和 GA_3 在解除百合种球休眠中起着关键作用。在这个调节过程中，激素使营养物质向生殖生长器官分配增多，向营养器官分配减少（何钟佩，1997）。方少忠等（2005）用 GA 350 mg/L+CEPA 100 mg/L+KT 100 mg/L 组合处理冷藏的百合鳞茎，能缩短冷藏时间，打破休眠，促进开花。

在自然条件下，多数百合花芽分化所需时间在春季为 3 ~ 4 月，通常经过 1 ~ 2 个月就完成分化全过程。亚洲百合杂种系和麝香百合杂种系一发芽就开始花芽分化，其原因是亚洲百合杂种系鳞茎内的短缩芽对低温很敏感，经 5 °C 处理 4 ~ 6 周的鳞茎，在定植 10 ~ 14 d 后，短缩芽生长点就开始形成小花原基，每个小花原基伴生 1 ~ 2 个叶原基。如果经低温处理打破休眠的鳞茎，再延长其贮藏时间，则在种植之前就会抽茎并分化花芽，若不及时种植，会对花芽发育不利。东方百合杂种系多属于鳞茎，发芽并生长 1 个月后，才开始花芽分化，这也是东方百合杂种系生育期长

的原因（图 2-7）。

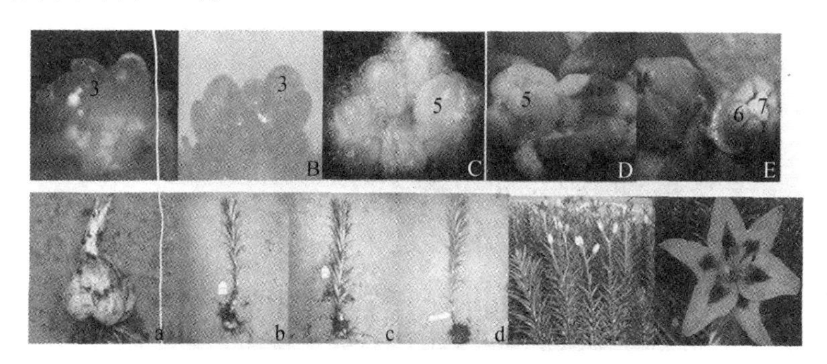

（a）亚洲百合“Loreto”

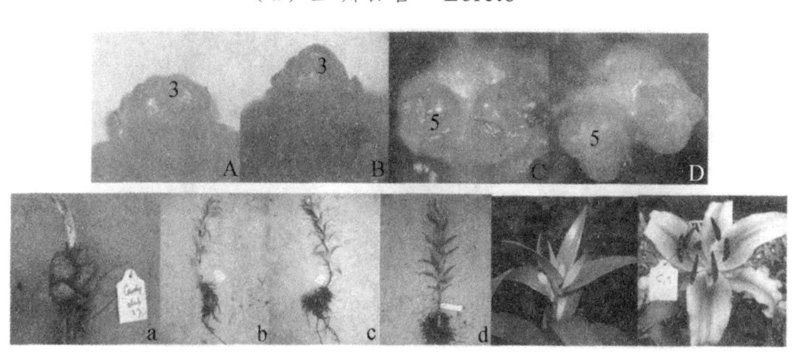

（b）OT 系列百合“Candy club”

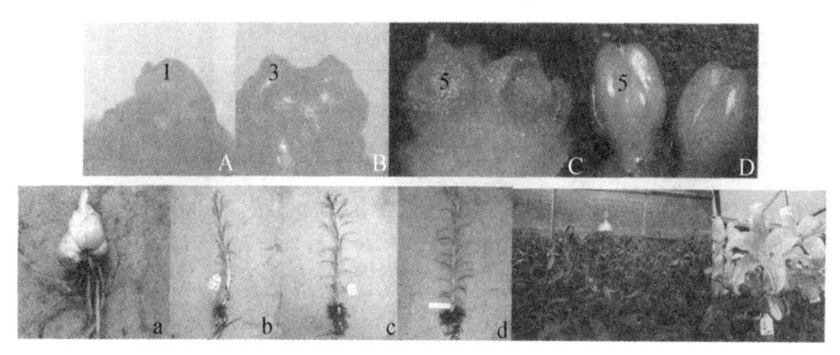

（c）麝香百合“Dolcetto”

图 2-7　百合花芽分化

在自然条件下，也有较少数百合的花芽于当年秋季 9—10 月开始分化，到年底就完成分化。还有一种花芽分化时间最长的百合，于秋季 9—10 月开始分化，一直到第二年春季 4 月才完成分化。这两种分化类型在亚洲百合杂种系和东方百合杂种系中均存在。凡是在鳞茎内就开始花芽分化的百合，第二年开花期都早，一般在 5 月中下旬至 6 月上旬就会开花。

2. 影响花芽分化的因素

科学家经过一个多世纪的研究发现，温度、光照、植物激素、土壤水分和营养等各种因素都可能影响植物的开花（沈惠娟等，2001）。许多基因参与了植物的开花时间，至少有 4 条调控植物开花时间的信号途径，即光周期途径、春化途径、自主途径和赤霉素途径（Holliday et al，1999；Bastow et al，2004；Simpson et al，2004）。

（1）温度。

温度是影响植物生长的环境因素之一，是植物形态和自然分布的主要限制因子，也是影响植物花芽分化的主要因素。亚洲百合花芽分化从冷藏后 45 d 开始，栽植后 30 d 完成（宁云芬等，2007）。

（2）光照。

许多植物的生殖生长受到日照时长的控制。法国科学家 Tournois（1912）在蛇麻（Humulus Lupulus）和大麻（Cannabis Sativa）两种植物中发现了光感应现象。后来，Klebs（1913）在长春花（Catharanthus roseus）中也发现了类似现象，并认为光照时数是影响开花的一个关键因素。Garner 和 Allard（1920，1923）在烟草（Nicotiana tabacum）Marryland Mammoth 品种的研究中发现，它在华盛顿附近的夏季长日照条件下不开花，而在冬天温室中却开花。由此，他们推测当日照短于某一临界值时可促进开花。部分

百合品种的花芽分化是在种球萌芽后才开始的，而光照对球茎的萌芽影响很大，在黑暗条件下生长的球茎与在自然光照条件下生长的球茎相比，可以显著地提前萌发（Tsukamoto Y，Konoshia H，1972）。

（3）开花素。

1934 年，俄国科学家 Chailakhyan 提出了著名的开花素（florigen）学说。他认为：开花素是一种物质，在叶片中产生并通过运输达到顶端分生组织促进开花。例如，苍耳（Xanthium sibiricum）在短日照诱导下，即使只保留 1 片叶也能开花（Chailakhyan，1936）。Melchers（1937）通过嫁接实验证明了开花素的存在，他把一株经过成花诱导的天仙子（Hyoscyamusniger）的叶片嫁接到另一株没有经过诱导的天仙子上，使二年生的天仙子在头一年便开花。Zeevaart（1958）对紫苏（Perilla frutescens）的嫁接实验进一步验证了 Melchers 的结论。

（4）植物激素。

植物激素对花芽分化起着十分重要的作用。Luckwill（1970）提出了激素平衡学说：CTK/GA 的比值控制花芽分化。花芽分化不是由一种激素控制，而是由多种激素综合调节（崔薇，1986），在这个调节过程中，激素控制着营养物质分配的导向，使营养物质向生殖器官分配增多，向营养器官分配减少（何钟佩，1997）。

郭蕊等（2007）认为，ABA 和 GA_3 在解除百合种球休眠中起着关键作用。菊花花芽分化过程中，叶片的 GA_3 和 IAA 含量减少，CTK 和 ABA 含量增加，而且 CTK/IAA、CTK/GA_3、ABA/IAA、ABA/GA_3 比值增加，有利于菊花花芽分化并提前开花（林贵玉等，2008）。

3. 开　花

花芽分化及形成小花原基的数量受种植前条件的影响很大，

而花蕾的发育速度与开花则受种植后生长条件的影响。若种植后室温超过 30 °C，则易产生盲花，即在现蕾期所有花芽发育失败萎缩；生长期气温达到 25 ~ 30 °C 时会发生落蕾，开花率只有 21% ~ 43%；在 15 ~ 20 °C 温度条件下，开花率达到 80%以上。百合的雄蕊和雌蕊同时成熟，受精 10 ~ 15 d 后，子房开始膨大。果实成熟期随种类和品种而异，早花品种需要 60 d 左右，中花品种需要 80 ~ 90 d，极晚熟品种则需要 150 d 左右。

强光也能造成花蕾发育失败，同时引起日灼，遮阴处理有助于改善落蕾现象；相反，光线不足，特别是冬季，花芽出现离层，也能造成落蕾。

Wang（1992）从麝香百合品种 Nelie White 的研究中发现，在正常光照条件下，花苞发育早中期（花苞长 2 ~ 4 cm）的养分主要来自叶片光合作用，花苞发育晚期（花苞长 7 cm 左右）所需的养分可以由鳞茎来提供，即在花苞发育中后期去除叶片，只要保证正常光照，百合还是能够正常开花的，但鳞茎的养分消耗量增加，鳞茎变小。如果此时是黑暗条件，不管有没有去除叶片，百合都不能开花。

张英杰、吕英民（2012）以东方百合“索邦”和亚洲百合“底特律”为材料，利用电子显微镜、体视显微镜和数码相机，观察记录了百合花蕾的生长进程及花被（花萼和花瓣）两侧细胞变化，发现东方百合与亚洲百合类似，在开花过程中存在一个突然迸裂的现象，其开花过程是由花瓣中脉控制的；在花蕾的发育过程中，上表皮细胞与下表皮细胞扩张的程度大，这也促进了花瓣有内卷包合变为反卷盛开（图 2-8）。

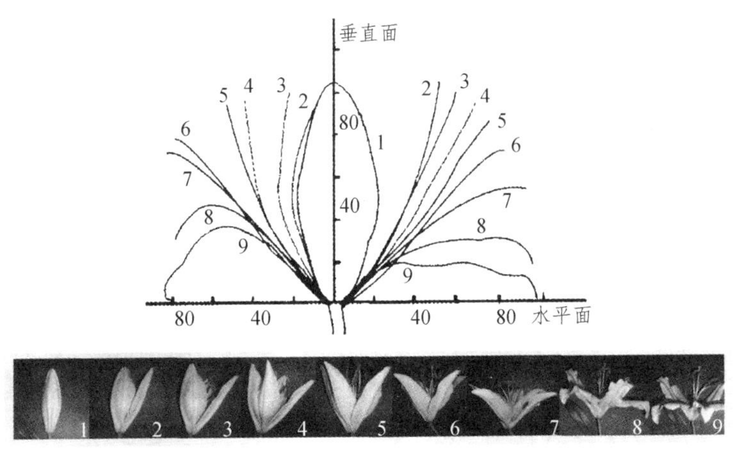

图 2-8　百合开花过程剖面形态变化过程

五、鳞茎冷藏期间的生理变化

1. 鳞茎的结构

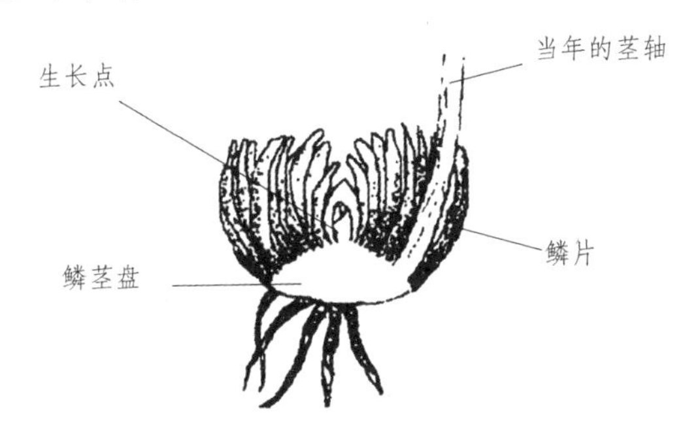

图 2-9　百合鳞茎解剖特征

鳞茎是由鳞茎盘、鳞片、变态叶（modified leaves）所组成的一个地下器官，并具有生长点的茎轴（图 2-9）。外层较老鳞片称为母鳞片，里层较新的鳞片称为子鳞片，在子鳞片的中央主芽附近隐藏着下一代鳞茎的芽体。在鳞茎的生长和发育过程中，鳞片的数量持续增加直到开花，当然，期间鳞片的质量也持续增加。

百合生长、发育和促成开花一般由三个阶段组成，即鳞茎生产、鳞茎处理和温室促成开花，通常情况下，虽然光照强度在开花中起到一定作用，但后两个阶段（鳞茎处理和促成开花）主要还是受到温度和光周期的影响（表 2-1）。

（1）田间鳞茎生产阶段。

鳞茎生产阶段是决定鳞茎质量高低、是否感染病毒和以后鳞茎处理强度的关键点，针对该阶段的新技术也在不断研究和发展中。

从繁殖到形成足够大的鳞茎，不同种类百合需要不同的时间。东方百合和东方杂交百合需要 2 ~ 3 年，亚洲杂交百合、L×elegans 百合需要 1 ~ 2 年。

（2）鳞茎处理阶段。

鳞茎处理阶段主要包括休眠处理和鳞茎成熟。东方百合一般要冷藏在 2.5 ~ 7.5 °C 的潮湿的泥炭（藓）中 6 周，而亚洲和东方杂种系列在如此条件下则需要 9 周时间。鳞茎的春化处理也可被长日照处理替代（Roh and Wilkins，1993、1997）。东方百合所有鳞茎处理后都减少了花朵数，也就意味着降低了生产最多花枝的潜力，然而，适宜的春化处理（0 ~ 9 °C，9 周）增加了花朵数量（Lee et al，1996，2007，2008；Roh，1985）。

（3）温室促成阶段。

这个阶段东方百合大约需要 120 d（Roh and Wilkins，1977），而亚洲百合和东方杂种百合约需要 70 d（Lee and Roh，2001；Roh，1990）。

① 从播种到花芽诱导。东方百合持续 40 d，而亚洲杂种百合持续 14 d，东方杂种百合持续 21 d。最适合的条件是昼夜温度 21 °C/12.8 °C，每天 16 h 光照时间。

表 2-1　温度和光周期对百合生长和开花的影响

生长/开花	麝香百合、LA 杂交		亚洲百合		东方百合	
	温度	光周期	温度	光周期	温度	光周期
萌芽	>12.5 °C，促进	NE	<7.5 °C	NE	<7.5 °C	NE
开花	2.5 ~ 7.5 °C，促进	LD，促进	0 ~ 7.5 °C，促进	NE	0 ~ 7.5 °C，促进	NE
花朵数	2.5 ~ 7.5 °C，减少	LD，减少	0 ~ 7.5 °C，增加	NE	0 ~ 7.5 °C，增加	NE
高度	2.5 ~ 7.5 °C，减少	LD，增加	0 ~ 7.5 °C，增加	LD	0 ~ 7.5 °C，增加	LD
临界温度	10 ~ 12.5	12.5 ~ 21 °C，LD 起作用	2 ~ 5 °C		2 ~ 5 °C	
休眠部位	鳞片		枝条、鳞片		鳞片、枝条	
花芽诱导	萌芽后		萌芽前		萌芽后	

备注：① NE 代表没有影响；② LD 代表长日照。

② 从花芽诱导到可见花芽。这个时期东方百合需要约 30 d，而亚洲百合和东方杂种百合需要 15 ~ 20 d。期间温度过高，会导致花芽败育或破裂。最适合的条件是昼夜温度 18.3 °C/15.6 °C，每天 12 h 光照时间。

③ 从可见花芽到开花。这个阶段东方百合需要约 40 d，而亚洲百合和东方杂种百合依品种不同，需要超过 40 d 的时间。最适合的条件是昼夜温度 21 °C/18.3 °C，每天 12 h 光照时间。

2. 冷藏期间百合鳞茎的生理变化

鳞茎是百合为适应不利的气候条件如低温、高温、干旱等形成的一种营养器官。露地栽培的成年鳞茎于秋季产生基生根，随后萌芽但不出土，经过自然低温越冬，翌年早春气温上升后萌发，当地上茎伸长到一定长度，顶端开始分化花芽，于夏季开花。

鳞茎的完全成熟和进入休眠均受温度影响，Imani Shil（1997）曾用麝香百合为材料进行试验，以说明低温处理与打破种球休眠期、种球休眠深度、种球贮藏之间的关系。研究发现，如果种球采收后先在室温下干燥贮藏 1 ~ 3 周，再进行低温处理，种球的发芽率就会急剧降低；但如果低温处理的时间适当延长，种球的发芽情况会得以改善。如果在种球采收后立即低温处理，种球会有较高的发芽率。如果采收后，在 20 ~ 30 °C 的干燥条件下放置 2 周，然后再进行低温处理，很多种球发不了芽，处于休眠状态。

3. 百合鳞茎的春化作用（vernalization）与休眠

大多数冬性植物或二年生植物在其种子萌动期或营养生长初期必须经过一段时间的低温处理（通常为 4 °C，2 ~ 8 周）才能开花，这种低温促进植物成花的作用称为春化作用（种康等，1999）。

春化作用最早由 Gassner（1918）提出，但长期以来人们对其机理的认识一直停留在生理学的层面上。近年来，随着分子遗传

学的迅速发展，人们利用模式植物（如拟南芥，Arabidopsis thaliana）等已经分离鉴定了许多与春化作用相关的突变体，并克隆和分析了相应的基因，使得人们对春化作用的机理有了在分子层面上的认识和提高。

春化作用具有以下特征：① 春化作用是一个缓慢的量变累积的过程，有其临界点，只有当低温处理足够长的时间后，植株才会产生明显的春化反应。② 春化作用并不改变植物的基因，不具有遗传性。春化作用的效果只可通过有丝分裂在当代植株中保持稳定，而不能通过有性生殖传递给后代。③ 春化作用的感受位点在植物的茎尖和根尖，只有具有分裂活性的细胞才能对春化作用做出反应。④ 春化作用并不直接导致开花，而只是在很大程度上加速了开花的进程（种康等，1999）。

春化作用中，低温处理对百合鳞茎花芽分化的影响主要指不同温度和低温持续时间的影响。低温处理时间越长，开花越早，花茎越矮，并且还会出现二次抽薹开花。但是，长期的低温处理会导致花蕾数目减少甚至出现盲花。

百合是一种夏季休眠植物，其鳞茎是其为适应不利的气候条件而形成的一种营养器官，在自然条件下不能周年种植。

百合切花栽培中首先要解决的技术问题是打破鳞茎休眠，因未解除休眠的鳞茎种植后会导致发芽率不高和盲花出现。亚洲百合杂种系鳞茎的休眠期为 2 ~ 3 个月。低温处理打破休眠是目前最有效的方法，一般品种在 5 °C 低温冷藏条件下，经 4 ~ 6 周处理即可解除休眠，但有些品种，如 Connecticut 需要 6 ~ 8 周，Yellow Blanze 则需要 8 周以上才能解除休眠。东方百合杂种系如 Star Gazer、Casa Blanca 等更长，至少需要处理 10 周以上方能解除休眠。

但低温处理不是无限期的，如果休眠期已打破，百合鳞茎已开始发芽，再继续低温处理对花的发育反而有不利影响。长期冷藏会导致盲花（张英杰等，2011）（图 2-10）。

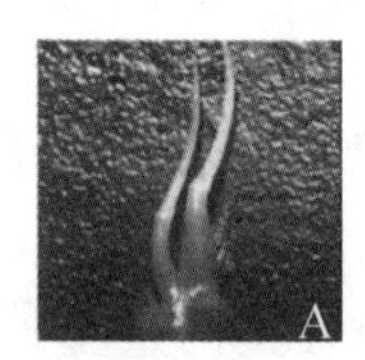

（a）花芽不分化

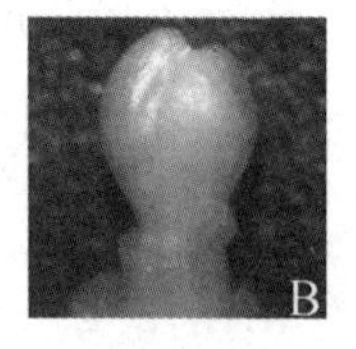

（b）花蕾数变少

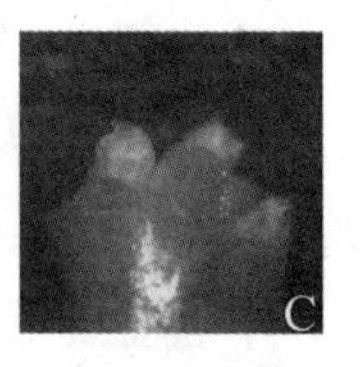

（c）花芽枯萎

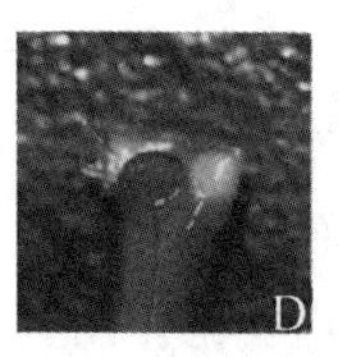

（d）茎端坏死

图 2-10　冷藏时间过长对花芽分化的影响

第三章　百合对生态条件的要求

第一节　温　度

温度是影响百合生长发育的最重要因子，影响着种子萌发、鳞茎发育、地上茎伸长、花芽分化、开花等生长发育阶段。

总的来说，百合耐寒性强，耐热性差，喜冷凉湿润气候，白天生长适宜温度为 20 ~ 25 °C，夜间为 13 ~ 17 °C，5 °C 以下或 28 °C 以上生长会受到影响，生长前期适当低温也有利于生根和花芽分化。

亚洲百合杂种系在生长前期即生根期和花芽分化期，白天温度应保持在 18 °C 左右，夜间温度应保持在 10 °C，土温 12 ~ 15 °C。花芽分化后温度需要升高，白天适温 23 ~ 25 °C，夜间适温 12 °C。东方百合杂种系生长前期即生根期和花芽分化期，白天适温 20 °C，夜间适温 15 °C，土温 15 °C。花芽分化后温度应尽快快升高，白天适温在 25 °C 以上，夜间适温 15 °C。麝香百合杂种系属于高温性百合，白天生长适温 25 ~ 28 °C，夜间适温 18 ~ 20 °C，12 °C 以下生长差，易产生盲花。

温度对百合种子萌发的影响较大。Roh 等 1996 年发现，温度直接影响铁炮百合（*L. formolongi*）种子的萌发，分别在 14 °C、17 °C、20 °C、23 °C、26 °C、29 °C 的温度中种下的种子，无论是否经过低温处理，14 °C 时发芽率最高、出苗数量最多；但经过 5 °C 低温处理 2 周，在 20 °C 下种植，发芽率可达到 50%，所需天数最少，为 21 d。

用 4.5 °C 低温处理麝香百合杂种系的种球 6 周，可以促进百合叶片伸展、节间伸长，并提高植株的生长率，但降低地上茎的粗度、叶片和花蕾的数量；当处理 18 周后，显著降低生长率和叶片数量。从鳞茎抽出地上茎到开花期间，展叶的速度、地上茎生长的长度与气温成正相关，如气温 13 °C/10 °C（昼夜）时，展叶 18 片；气温达到 24 °C/18 °C 时，展叶 32 片，在此时如果地温较高（达到 24 ~ 30 °C），更有利于地上茎的伸长生长。温度的高低也影响百合根的生长，地温为 17 ~ 21 °C 时有助于麝香百合杂种系基生根的生长，而温度低于 12 ~ 13 °C 或高于 27 ~ 28 °C 则推迟生根。高温诱导百合子球休眠。

温度还是调控百合花芽分化、成花等过程的最重要环境因子。

温度是植物正常生长的环境之一，也是影响植物花芽分化的主要因素。宁云芬（2007）研究发现亚洲百合花芽分化从冷藏后 45 d 开始，栽植后 30 d 基本完成；冷处理时间越长，百合植株开花越早，花茎越矮。

麝香百合杂种系、亚洲百合杂种系等都要求一定时数的低温进行春化才能正常开花。Roh 等 1972—1973 年研究了温度对百合开花的影响，结果表明，连续用 12.8 °C 处理品种 Ace 和 Nellie White 未春化的种球，促进其快速抽茎。以 115 d 作为抽茎到开花的标准，用 1.7 °C/12.8 °C 处理的 Ace 鳞茎比用 1.2 °C/7.2 °C 或 7.2 °C/1.7 °C 处理，能产生更多的花蕾；在品种 Nellie White 中，连续用 1.7 °C、1.7 °C/12.8 °C 或 12.8 °C/1.7 °C 处理鳞茎比 1.7 °C/7.2 °C 或 7.2 °C/1.7 °C 能生更多的花蕾（表 3-1）。

表 3-1　连续或日变温对百合品种开花的影响

		Ace						Nellie White					
		3 周			6 周			3 周			6 周		
处理温度/ °C		1.7	7.2	12.8	1.7	7.2	12.8	1.7	7.2	12.8	1.7	7.2	12.8
从抽茎	1.7	134	122	131	109	102	113	133	113	128	108	105	109
到开花	7.2	118	126	147	102	122	129	113	121	138	105	106	132
的天数	12.8	134	142	160	113	131	144	126	137	153	113	127	139
从抽茎	1.7	183	168	192	177	169	184	182	165	183	175	168	182
到开花	7.2	172	170	189	174	170	176	176	165	181	170	167	184
的天数	12.8	188	180	193	189	184	189	181	179	191	187	182	182

引自：《鲜切花百合生产原理及实用新技术》。

第二节　水分和空气湿度

百合鳞茎的生理过程需要冷凉和湿润条件，在其长期贮藏过程中必须避免失水和干燥（Beattie and White，1993；Corr and Wilkins，1984；Hartsema，1961）。栽培基质应保持湿润但不饱和状态，水分过多和通透性不良会导致根腐病的发生。水分胁迫会导致花蕾败育和脱落，最适合的相对湿度是70%～85%。

第三节　光　照

百合喜光照，光照既影响开花的光周期，也影响其光合作用。充足的自然光照或者在自然光照不足时补充高强度光照有利于降低株高和提高花的品质（Bootjes，1973；Bootjes et al，1975）。

增加光照强度可以提高光合效率，并促进花的发育和增加花朵数量。一般以自然日照的 70%～80%为好，尤以幼苗期更为明显。在夏季全光照条件下，亚洲百合杂种系和麝香百合杂种系遮光 50%，东方百合杂种系遮光 70%。冬季在温室中进行促成栽培，光照不足时，花芽中的雄蕊进行乙烯代谢，导致花蕾脱落。其中亚洲百合杂种系对光照不足的反应最敏感，其次为麝香百合杂种系和东方百合杂种系。

许多植物的生殖生长受日长控制。光敏素感受光期/暗期的转变，揭开了光敏素在光周期定时机制中的作用研究。部分百合品种花芽分化是在种球萌发之后开始进行的，而光照对球茎的萌芽影响很大。在黑暗条件下生长的球茎与在自然光照条件下生长的

球茎相比可以显著地提早萌发（Y Tsukamoto，H Konoshima，1972）。

长光周期可以促进百合花蕾形成，说明百合是长日照植物（Grueber and Wilkins，1984；Roh，1989）。光照长短不但影响花芽分化，而且影响花朵的生长发育。冬季如果不增加光照时间，花芽会出现败育。因此，在冬季每天增加 8 h 的光照（光照强度为 3350 lx），使光照时间延长至 16 ~ 24 h，可以明显降低植株高度，加速开花，降低败育花朵数。

Boontjes（1973）发现在催花过程中，每天增加 8 h 的光照，可以使百合提前 3 周开花，长日照处理可以加速百合生长，并增加花朵数。Miller 等（1989）研究表明短日照增加植株的高度，花梗和节间加长，花朵品质降低。亚洲百合杂种系品种在冬季如果不增加光照，花芽出现败育，鳞茎周径在 9 ~ 10 cm 的尤为显著。

亚洲百合杂种系中，一旦花蕾出现，花发育率受光强度的影响很小，而主要受温度的影响（Beattie and White，1993；Corr and Wilkins，1984；Grueber and Wilkins，1984；Zhang，1991；Zhang et al，1990a）。然而，在几个东方百合类型的品种上用白炽灯或荧光灯进行长日照处理，可以提前开花（25 d）。在东方百合栽培中，进行 40% ~ 50%的遮光可以增加切花花枝长度，一旦花芽发育良好时解除遮光。

第四节　土壤和基质

百合有广泛的土壤适应范围，可以在露地栽培，也可以用各种基质进行种植箱栽培或盆栽。De Hertogh（1996）推荐使用排水良好、无氟和消毒后的基质；Adzima（1986）采用堆肥土壤、粗泥炭、粗珍珠岩的比例为 1∶1∶1 的混合基质。吴中军（2015）认为椰糠、河沙、松鳞、珍珠岩的比例为 3∶3∶2∶2 的混合基质最适合切花百合“西伯利亚”的生长和发育，可以作为其基质栽培的良好配方。

土壤或基质的 pH 值甚为重要，最适合的数值为 pH 6.0。

第四章　百合的种类和品种

第一节　百合的种类

百合花朵硕大，花色美丽，花形多变，园艺品种甚多。百合属植物有 100 多种，原产我国的有 40 多种。北起黑龙江有毛百合，西至新疆有新疆百合，东南至台湾有台湾百合，其中如野百合、岷江百合、宜昌百合、通江百合、渥丹、紫花百合、玫红百合、蒜头百合、大理百合、湖北百合、南川百合、宝兴百合、川百合、乳头百合、绿花百合、乡城百合等均为我国原产特有种，尤以西南和华中为多。

一、观赏价值较高的种类

（1）王冠百合：鳞茎卵形至椭圆形，紫红色。花大而美，花水平状横生，喇叭状，白色，花被筒内面基部黄色，背面中肋桃紫色，有芳香。花期在 6 月。

（2）麝香百合：鳞茎扁球形，黄白色。花喇叭形，长 10 ~ 18 cm，白色，基部带绿色，有浓香气味。花期为 5 ~ 6 月份。

卷丹百合：鳞茎宽卵形，白色。植株中上部叶腋间生有黑色株芽。花橘红色，内有散生紫黑色斑点，花被开后反卷，花药深红色。花期在 7 月份。

（3）川百合：花下垂，花被橘红色，具密集紫红色斑点，花被极度反卷，背部疏生白棉毛。花期在 7 月份。

（4）云南大百合：叶卵圆形，长 30 cm，宽 20 cm，株高 150 cm。花被乳白色，花长约 15 cm，花期为 6 ~ 7 月。

白花百合：花被乳白色，微黄，背面中部略带紫色纵条纹，长 13 cm，花被橙红色，盛开时上部略反卷，花朵横向开放，有芳香气味。花期为 7 ~ 8 月。

细叶百合：叶片密集在茎的中部，狭线形，主脉 1 条。花橘红色，向外反卷，花药金黄色，花朵下垂。花期为 7 ~ 8 月。

湖北百合：花橙黄色，有稀疏黑褐色斑点，花被基部的中央为绿色，花粉橙色，花瓣反卷。花期为 7 ~ 8 月。

天香百合：花朵硕大，花平展，白色，有红褐色大斑点，在花被中央有辐射状纵条纹，花朵有浓香气味。花期在 6 ~ 7 月。

鹿子百合：花色变化较多，从粉色至浅红色乃至浓红色均有，花被自基部向外反卷，基部有鲜红色的突起。花药一般呈红褐色，花朵大而美丽。花期为 7 ~ 8 月。

二、栽培种类

目前栽培的百合统称为杂种百合，分别属于“亚洲百合”“东方百合”和“LA 型百合”。

随着百合类植物在国际花卉贸易中份额的不断提高与新品种的选育和推广，新品种层出不穷，品种数量迅速增加。为了便于百合品种展览、销售、登录，1963 年，英国皇家园艺学会百合委员会提出其园艺学分类系统。该系统主要依据杂交亲本、育种者

及育出年代，将栽培品种划分为 6 大组。

（1）由天香百合（*L. auratum*）、鹿子百合（*L. speciosum*）、日本百合（*L. japanicum*）、红花百合（*L. rubellum*）等花色以花青素为主的种类反复杂交选育而来。该组被新分类系统划归为东方百合杂种系。

（2）由卷丹、大花卷丹、曼可莱丘百合（*L. maculatum*）、毛百合等为主，并与渥丹、朝鲜百合（*L. amabile*）、细叶百合、鳞茎百合（*L. bulbiferum var. croceum*）、川百合、威尔莫百合（*L. willmotliae*）等种杂交选育而来。该组花色以类胡萝卜素为主，被新分类系统划归为亚洲百合杂种系。

（3）由湖北百合、王百合、通江百合（*L. sargentiae*）、淡黄花百合（*L. sulphureum*）、宜昌百合（*L. leucanthum*）等主要原产中国的百合杂交选育而来，其特点是花茎高、健壮、花多、花形星状或喇叭形、平伸。该组被新分类系统划归为喇叭百合杂交系。

（4）由麝香百合（*L. longiflorum*）、台湾百合（*L. formosanum*）、白花百合（*L. candidum*）、王百合等为主，并与加尔西顿百合（*L. chalcedonicum*）、紫斑百合（*L. nepalense*）等杂交选育而来。该组被新分类系统划归为麝香百合杂种系和白花百合杂交系选育而来。

（5）由汉森百合（*L. hansonii*）、星叶百合（*L. martagon*）、轮叶百合（*L. medeoloides*）等为主，并与加尔西顿百合（*L. chalcedonicum*）、渥丹等杂交选育而来，该组被新分类系统划归为星叶百合杂交系。

（6）由毛百合、菲律宾百合（*L. philippinense*）、垂花百合（*L. cernuum*）、湖北百合等杂交选育而来。该组被新分类系统划归为亚洲百合杂种系和东方百合杂种系。

三、国际分类

1982 年，国际百合学会提出了目前普遍认可的分类系统。该系统主要依据亲本的产地、亲缘关系、花色和花型姿态等特征，将百合品种划分为 9 类。

（1）亚洲百合杂种系（Asiatic Hybrids），又名朝天百合，由分布在亚洲地区的百合种类及其杂交种间杂交产生，主要的亲本有朝鲜百合、鳞茎百合、大花卷丹、山丹、毛百合、渥丹、卷丹、川百合、垂花百合（*L. cernum*）等。其主要特点是花朵朝上、花色丰富。

（a）亚洲百合

（b）星时百合

（c）美国百合

图 4-1　百合品种分类举例

图片引自 http：//www.lilies.org/culture/types-of-lilies/。

（2）星时百合杂种系（Martagon Hybrids），由星叶百合（*L. martagon*）和汉森百合等杂交产生。

（3）白花百合杂种系（Candidum Hybrids），起源于长花百合（*L. candidum*）等生长在欧洲的百合。

（4）美洲百合杂种系（American Hybrids），起源于豹斑百合（*L. pardalimum*）、帕里百合（*L. parryi*）等生长在北美地区的百合。

（5）麝香百合杂种系（Longiflorum Hybrids），又名铁炮百合，由麝香百合、台湾百合等杂交产生。花为喇叭筒形，平伸。

（6）喇叭型百合杂种系（Trumpet Hybrids），由通江百合、宜昌百合、湖北百合、王百合等杂交而来。根据花形姿态，又可划分为 4 类：喇叭花型、碗花型、花朵下垂或仅瓣端反曲，旭日型。

（7）东方百合杂种系（Oriental Hybrids），由天香百合、鹿子百合、红花百合（*L. rubellum*）、日本百合等组成，包括它们与湖北百合间杂交选育而来的品种。根据花形姿态，将其划分为 4 类：喇叭花型、碗花型、花朵平伸型和花瓣反卷型。

（8）其他类型（Misscellaneous Hybrids），包括所有上述未提及的百合类型，但品种较少。1996 年的“亚洲及太平洋地区国际百合研讨会”中提出，将不同品系间的杂交种归入这一类型中，如 L/A（麝香百合杂种系与亚洲百合杂种系间的杂交种）、O/A（东方百合杂种系与亚洲百合杂种系的杂交种）、O/T（东方百合杂种系与喇叭百合杂种系的杂交种）等。

（9）原种，包括所有种、变种及变型。

第二节　主要切花品种

生产上用作切花栽培的百合主要有亚洲百合、东方百合及麝香百合三大种系（图 4-2、图 4-3）。全球百合切花栽培品种有近 300 个，优良的品种主要从荷兰、日本引进。经过栽培试验，目前已经筛选出一批适合我国栽培的切花品种（表 4-1）。

东方百合-索邦　东方百合-特红　东方百合-薇薇安娜　东方百合-白色门童

OT 杂交百合-红色宫殿　OT 杂交百合-木门　OT 杂交百合-粉色宫殿　OT 杂交百合-粉冠军

OT 杂交百合-白冠军　OT 杂交百合-小黄人　LO 杂交百合-特里昂菲特　LO 杂交百合-白特里昂菲特

LA 杂交百合-红妆　LA 杂交百合-布林迪西　LA 杂交百合-佩维亚　LA 杂交百合-黄色苏蕾

LA 杂交百合-正直　LA 杂交百合-眼线　LA 杂交百合-印度夏日　LA 杂交百合-红色门童

重瓣百合-伊莎贝拉　重瓣百合-塔利亚　重瓣百合-滑雪板　重瓣百合-异国阳光

图 4-2　百合的主要品种

图 4-3　盆栽百合主要品种

表 4-1 适合我国栽培的切花百合品种

品种名	英文名	花色	株高/cm	主要特性
阿拉斯加	Alaska	白色	100	生长旺盛，适应性强，开花早
纳沃娜	Navonna	白色	110	花蕾对光照不足敏感低，中花
娜微亚	Navea	乳白色	120	生长旺盛，四季可栽，中花
伦敦	London	黄色	130	生长旺盛，四季可栽，中花
马德里丝	Madras	金黄色	110	花茎挺直，瓶插寿命长，中花
凤眼	Pollyanna	黄色	130	瓶插寿命长，中花
罗马诺	Romano	黄色	110	瓶插寿命长，早花品种
拉特亚	La Toya	暗红色	125	生长健壮，中花品种
安文特	Avant	粉色	100	生长健壮，早花品种
蒙特历克斯	Montreux	粉色	120	生长健壮，四季可栽，晚花品种
精粹	Elite	橙色	125	温暖地区灰霉病严重，中花品种
格拉莎苏	Gran Sasso	橙色	110	中花品种
意大利	Italia	粉红色	100	花茎坚粗，晚花品种
苏波特	Sorbet	杂色	125	中花品种
依莱特可	Electric	杂色	120	中花品种
阿罕布拉	Aihambra	纯白	130	生长旺盛，极晚花品种
阿曼达	Amanda	白色	125	先端反曲，晚花品种
卡萨布兰卡	Casa Blanca	纯白	120	生长健壮，极晚花品种
简德格拉芙	Jan de Graaff	白色	90	花茎坚挺，极晚花品种
阿卡普克	Acapulco	红色	120	晚花品种

续表

品种名	英文名	花色	株高/cm	主要特性
大西洋	Atlantic Ocean	粉红	130	先端反曲，中花品种
观景台	Belvedere	粉色	100	先端反曲，中花品种
老福莱	Louvre	粉色	115	先端反曲，晚花品种
舞台	Arena	杂色	125	晚花品种
卡斯卡德	Cascade	杂色	130	极晚花品种
卡拉德巴	Cordoba	杂色	80	先端反曲，晚花品种
闪光之星	Star Gazer	杂色	100	花色优美，中花品种
爱惟塔	Avita	白色	120	生育期短，耐热差，晚花品种
白狐	Snow Queen	乳白	115	不耐高温，晚花品种
白色欧洲	White Europe	白色	95	先端反曲，晚花品种
都娜	Donau	肉色	100	花星形，晚花品种

第五章　百合的繁殖

生产上常用的百合繁殖法有鳞片扦插繁殖、子球繁殖、组织培养繁殖。

第一节　鳞片的扦插繁殖

鳞片不仅是百合重要的贮藏器官，其中水分占 70%、淀粉占 23%，还含有少量的纤维、蛋白质、矿物质和脂肪。而且，鳞片还是重要的繁殖器官，每个鳞片都可以生根，在鳞片基部或者直接在愈伤组织上分生小子球，当小子球长到一定大小，可脱离母体，形成新的个体。

一、扦插苗床的准备

选用有机质含量丰富、排水良好的沙壤土，畦宽 1 m，沟深 60 cm，畦高 30～40 cm。将畦面土壤耙细，在 8～10 cm 的土层中混入泥炭、腐殖土和锯末等。

也可以直接用基质进行扦插。黄作喜等（2001）研究了 5 种不同配比的珍珠岩、腐殖土的基质对百合鳞片扦插的效果，发现珍珠岩和腐殖土的比例为1∶1的基质最适合百合鳞片扦插繁殖种球。

二、鳞片的选择与处理

选用品种纯正、鳞片肥厚的鳞茎，剥取外层和中层健康的鳞片（中层鳞片最好）。鳞片用400～600倍的杀菌剂（如多菌灵、百菌清）溶液浸泡30 min消毒杀菌，取出后用清水冲洗干净，阴干备用。

三、扦插及管理

鳞片扦插多在秋季和春季进行。

将消毒后的鳞片以45°斜插在苗床上，凹面朝上，插入深度为鳞片长度的1/3～1/2，间隔3 cm左右。扦插后洒水浇透。温度保持在15～25 °C，土壤或基质湿度60%～70%。

扦插后2～4周可形成小籽球，有些品种（麝香百合）籽球迅速出叶；有些品种仅形成小球，不出叶或出叶少，如东方百合、亚洲百合等多数品种。

针对有些品种扦插后长球不长苗的情况，采用控温成球技术效果较好。将处理后的鳞片埋于湿润的60%泥炭+40%珍珠岩混合基质中，装入种植箱内，在专用冷库中处理。23～25 °C下处理8～12周后可形成小鳞茎，17 °C处理4周促进茎伸长，然后在4～5 °C下处理6～8周打破休眠，移入大田种植即可发芽抽薹，形成新鳞茎（图5-1、图5-2）。

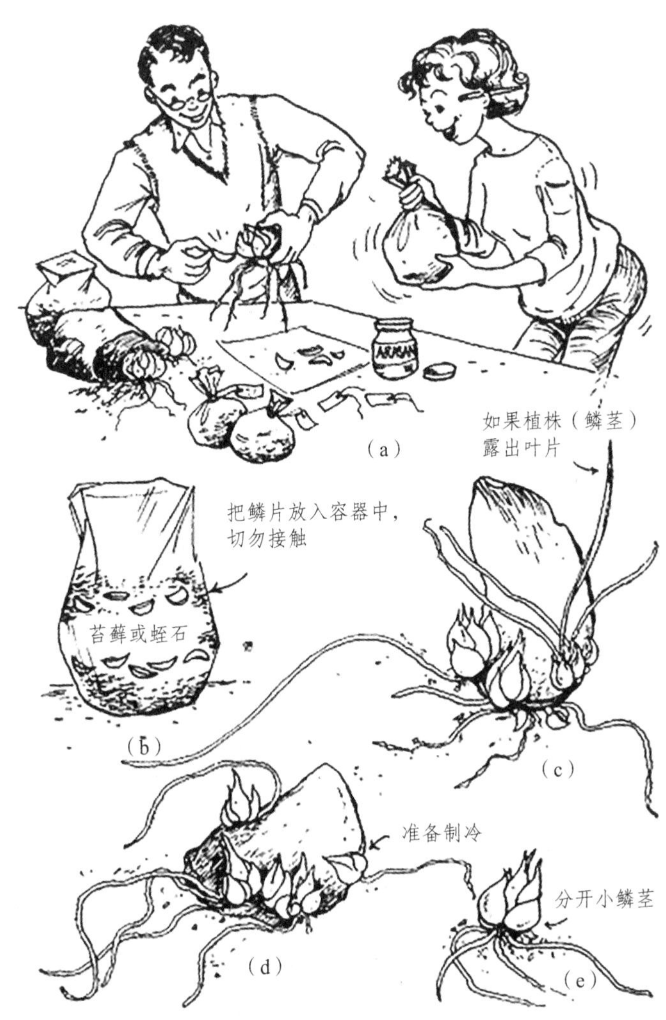

（a）剥取鳞片并消毒

（b）鳞片放置于有潮湿的苔藓或蛭石的塑料袋中

（c）小球茎生根并长出幼叶

（d）小球茎冷藏后种植

（e）分开小鳞茎

图 5-1 扦插及管理

图片引自：http：//www.lilies.org/culture/propagation/。

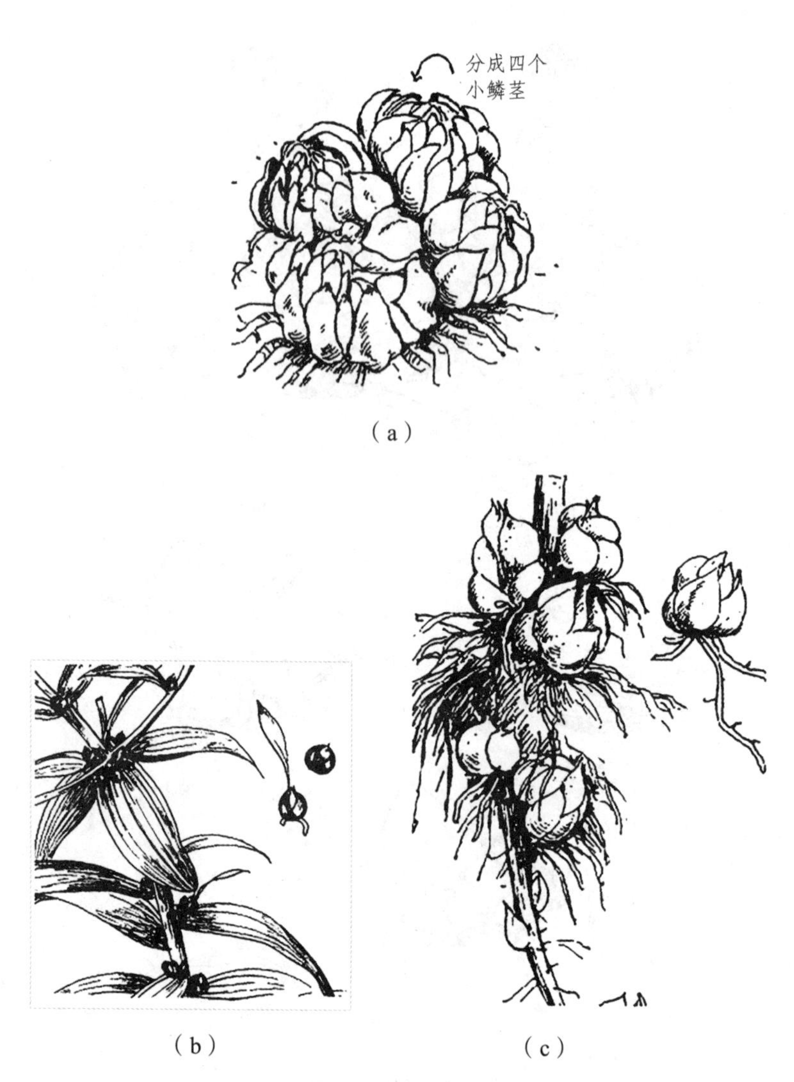

图 5-2　百合鳞茎分株

第二节　组织培养

一、植物组织培养的概念和意义

1. 组织培养的概念和类型

植物组织培养（plant tissue culture）是指在无菌和人工控制的环境条件下培养植物的离体器官、组织或细胞的技术。用于离体培养的各种材料称为外植体（explant）。

根据外植体的不同将组织培养分为5种类型：愈伤组织培养、悬浮细胞培养、器官培养（胚、花药、子房、根和茎）、茎尖分生组织培养和原生质体培养，其中愈伤组织培养是最常见的培养方式。愈伤组织（callus）是指在人工培养基上由外植体长出的一团无序生长的薄壁细胞。

2. 组织培养的作用

组织培养的优点：① 用料少，节约母株资源；② 繁殖系数高，一块组织或小植株1年内可以繁殖成千上万株小苗；③ 占地面积少，繁殖速度快，在20 m^2的培养室中1年可繁殖30万株试管苗；④ 不受自然气候变化的影响，在人工条件下能进行大规模生产；⑤ 生产周期短，繁殖一代小苗只需1个月左右；⑥ 试管苗不带病毒；⑦ 可在培养中获得突变体、多倍体和有价值的新类型。

3. 组织培养在百合中的应用

组织培养技术用于百合最主要有三个目的：一是传统的百合繁殖方法，如常规分球、珠芽或鳞片扦插、鳞片包埋等，其繁殖系数不高，无法满足大规模工厂化和现代化种球生产的需要。而组织培养特别是工厂化的组织培养繁殖系数比传统方法高许多倍。二是经过多代无性繁殖后，种球种性发生退化，主要是体内病毒积累。百合一旦感染病毒，则植株矮化、花小，叶片出现黄白斑，甚至坏死，严重影响百合的观赏价值。利用组织培养技术，能够迅速脱毒，使得品种复壮。三是百合杂交育种中，存在种间不亲和问题，授粉后，种胚经常败育，利用组织培养技术可进行胚抢救培养、试管授粉等，以大大提高百合的杂交成功率。

关于百合的组织培养，国内外已进行了大量研究。最早的是 Dobreaux 等(1950)用纯白百合花蕾成功诱导出小鳞茎，随后 Robb(1957)进行了两种百合鳞片的组织培养研究，百合属的种及杂种培养成功的约有 28 种（周欢等，2010），不少组织培养技术已经十分成熟，并用于工厂化生产种苗（表 5-1）。

表 5-1　组织培养成功的百合属植物

名称	学　名	研究者	年代
百合	*L. davidii var. willmottiae*	贾敬芬，等	1981
淡黄花百合	*L. sulplureum*	赵祥云，等	1993
东方百合	*L. oriental hybrids*	杨玉晶，等	2007
香水百合	*L. spp*	阮少宁，等	2001
兰州百合	*L. dacidii var. unicolor*	潘佑我，等	2007
野百合	*L. brownie*	莫昭展，等	2007
木门百合	*L. oriental×L. trumpet*	潘正波，等	2007
麝香百合	*L. longiflorum*	苏斌，等	1994
西伯利亚百合	*L. auratum×L. seciosum*	姜春华	2008
龙牙百合	*L. brownie var. viridulum*	李益锋，等	2007
湖北百合	*L. henryi*	孟杨，等	2006
马可波罗百合	*L. auratum×L. speciosum*	丁兰，等	2004
新普百合	*L. simplon*	王志，等	2005

续表

名称	学名	研究者	年代
细叶百合	*L. pumilum*	孙旭才，等	2008
新铁炮百合	*L. formsoanum*×*L. longiflorum*	罗凤霞，等	2000
紫红花滇百合	*L. bakeriauum var. rubrum*	李标，等	2002
金百合	*L. trompeten*	陈小兰，等	2000
野生渥丹	*L. concolor*	杨炜茹，等	2009
西藏卷丹	*L. lancifalium*	邵春昕	2006
通江百合	*L. sargentiae*	王红霞，等	2000
毛百合	*L. dauricum*	庞晓霞，等	2009
轮叶百合	*L. distichum*	Nabieva，等	2008
垂花百合	*L. cernuum*	Nabieva，等	2008
王百合	*L. regule*	孙晓梅，等	2001
鹿子百合	*L. speciosum*	Chang	2005
日本百合	*L. japonicum*	Komai，等	2006
宜昌百合	*L. leucanthum*	熊丹，等	2007
青岛百合	*L. tsingtauense*	齐春敏，等	2008

二、百合组织培养的基本步骤

（一）外植体选择

外植体是指从植物体上切取的第一次用作接种的材料。虽然很多百合组织和器官都可以作为外植体，如鳞片、根尖、叶片、子房、种子、花梗、花瓣、珠芽、花柱、花丝、胚、腋芽等，但是培养体系的目的、策略不同，外植体的选择也不同。

1. 基因型

许多植物种间、品种间，甚至品种内的外植体都有很大的离体培养差异。已有报道，花椰菜（*B. oleracea*）再生植株能力最强，油菜（*B. campestris*）最弱。Galiba 等（1986）发现，小麦再生能力主要是受 7B、7D 和 1D 染色体的基因控制。Kamiya 等（1988）指出 500 个水稻品种中，19 个品种体细胞胚胎发生率为 65%~100%，41 个品种为 35%~64%，440 个品种几乎无胚胎发生。

2. 外植体的类型

不同外植体的种类在离体条件下的分化能力不同。植物试管苗再生常用的外植体有茎尖（如兰花、石刁柏）、根切段（旋花科）、叶切块（如秋海棠、茄科、菊）、珠心（芸香科，如柑橘）、子叶（如花生）。

当然，对于百合而言，不同的部位和器官，其诱导率各不相同。茎段、花器官及珠芽的诱导率较高，而鳞茎盘由于杂菌多，剥离鳞片后创伤大，容易因外植体消毒不彻底而造成污染，或因消毒药品毒害而失去生理活性等，导致诱导率低。罗凤霞等（2000）研究认为，新铁炮百合各部位诱导分化的能力从强到弱依次为种子>鳞片>花丝>花瓣>叶片。在实际工作中，常用百合鳞片作为外植体，诱导小鳞茎发生，但不同部位的鳞片分化能力具有一定差异。一般说来，鳞片基部或近轴端表现出最大的发生能力，即鳞片下部切块形成的小鳞茎能力最强，中部次之，上部几乎不分化。此外，百合鳞片产生芽的能力从强到弱依次为外层、中层和内层。另外，外植体在培养基的不同放置方式对百合鳞片的诱导也有影响，其诱导出芽能力从强到弱依次为：鳞片内侧向上平放>鳞片竖直插入>鳞片内侧向下平放。

3. 取材时间和外植体大小

春季和秋季的百合鳞叶可以再生，而夏季或冬季取的百合鳞叶很难长出小茎。核桃取材以春季为好。Begmann 等（1977）报道，南部香脂冷杉（*Fraser fir*）茎尖最佳的取样时间是春季 4 月份。茎尖培养小于 0.1 mm 很难分化，一般取 5 ~ 10 mm，这种大小的茎尖一般不带病毒，并具有器官发生能力。外植体越大，再生植株的频率越高，但清除病毒的效果越差。培养长为 0.6 mm，0.27 mm 和 0.12 mm 的马铃薯茎尖时，获得无病毒再生植株的比例分别是 0、37.5%和 48%。

（二）外植体消毒

常用的消毒剂有乙醇、升汞、次氯酸钠及漂白粉等。通常乙醇与其他消毒剂配合使用，对材料进行预灭菌，使用浓度一般为 70% ~ 75%，灭菌时间为 30 ~ 60 秒；升汞的使用浓度为 0.1% ~ 0.2%，灭菌时间 10 min；饱和次氯酸钠灭菌时间为 20 min，灭菌时要不断摇动；漂白粉的使用为饱和溶液，灭菌时间为 10 ~ 20 min。材料灭菌后要用无菌水冲洗 5 次，使用升汞则清洗次数增加。

（三）培养基的准备与配制

组织培养中培养基的种类主要有 MS 培养基、VW 培养基、WH 培养基、N6 培养基、WS 培养基等，百合组织培养通常使用 MS 培养基。卢其能等（2002）用龙牙百合的鳞片切块培养，对 MS、N6、White 3 种培养基分化出小鳞茎或芽的效果进行比较，结果表明，分化最好的是 MS 培养基，其次是 B5，最差的是 White 培养基。

1. 培养基的成分

一般来说，培养基成分包括无机营养、碳源、维生素、有机氮、生长调节剂。

（1）生长调节剂。

生长素和细胞分裂素的比例在植物组织培养中起调节作用。Skoog（1944，1951）发现，腺嘌呤/IAA 的比例是控制烟草离体茎段和根形成的重要条件之一，比例高时有利于形成芽，比例低时则形成根。对多数禾谷类植物和禾本科牧草外植体来说，生长素特别是 2,4-D 利于诱导其愈伤组织的形成，而细胞分裂素则抑制禾本科植物愈伤组织形成。愈伤组织形成后，诱导体细胞胚胎发生的关键是降低或去除 2,4-D。据报道，在含 1 ~ 2.5 mg/L 2,4-D 的培养基上形成愈伤组织，在原 2,4-D 浓度降低到 5% ~ 10%的分化培养基上才能产生体细胞胚。通过器官发生再生植株，需要在降低生长素水平的同时加入细胞分裂素或提高细胞分裂素浓度。

外源生长调节剂对形态分化的作用，实际上是重新调整了内源生长素和细胞分裂素的平衡。刘涤（1986）发现，烟草形成芽的内源 IAA 水平明显比愈伤组织低，而内源细胞分裂素的含量是愈伤组织的 4 倍。GA 通常不利于器官发生和胚状体形成，但对某些植物的再生有促进作用。GA 刺激拟南芥愈伤组织的器官分化，促进大丽花的芽分化。Mei（1992）报道，水稻幼穗愈伤组织和种子愈伤组织的植株再生能力不同，分别为 44.2%和 15.0%，而它们的内源 ABA 水平有差别,前者的 ABA 含量相当于后者的 13.9 倍。乙烯在形态发生中的作用也较大。烟草愈伤组织再生茎的能力与乙烯合成呈负相关，不定芽发生频率高的愈伤组织中内源 ACC 水平低，乙烯合成少，无不定芽发生的愈伤组织则相反。Litz（1997）研究了乙烯生物合成促进剂和抑制剂对芒果珠心细胞获得体细胞胚感受态的影响，发现 Tommy Atkins（单胚品种）外植体的内源乙烯水平高于 Tutehau（多胚品种），乙烯生物合成的中间产物 ACC 对两品种的体细胞胚发生均有抑制作用，而乙烯生物合成抑制剂

AVG 抑制品种 Tutehau 的内源乙烯水平，促进体细胞胚的发生。

（2）氮源。

培养基中氮的类型和浓度影响培养物的生长和分化。Wetherell（1965）发现，在 KNO_3 作为唯一氮源的培养基上，野生型胡萝卜叶柄愈伤组织不能在除去生长素的培养基上形成胚胎。在含有 55 mmol/L KNO_3 的培养基中加入 5 mmol/L NH_4Cl 后，其愈伤组织形成胚胎。说明还原氮在诱导培养基中起十分关键的作用。Meijier 和 Brown（1987）指出，紫花苜蓿体细胞胚诱导和分化所需最适还原氮浓度分别是 5 mmol/L 和 10 ~ 20 mmol/L。

有机氮类型对体细胞胚发生的作用各不相同，多种氨基酸刺激胚胎发育的作用远远大于单一氨基酸。有机氮对器官发生起促进作用。Skoog 和 Miller 很早就发现，当 IAA 和 KT 浓度适宜时，加入铬氨酸明显促进了烟草组织培养中器官的形成，并认为这与组织中 IAA 氧化酶的影响有关。

（3）碳源。

由于植物细胞、组织和器官在离体培养条件下不能合成碳水化合物或合成不足，因此，在培养基中添加碳源是必不可少的。最常用的碳源是蔗糖，浓度为 2% ~ 5%，其他形式的碳源还有葡萄糖、果糖、麦芽糖、半乳糖、甘露糖和乳糖等，也能促进某些组织和原生质体的细胞分裂和生长。

2. 培养的环境条件

培养的环境条件主要指培养的物理因素，包括以下几个方面：

（1）固体或液体培养基。

White（1939）证明，烟草愈伤组织从固体培养基转到液体培养基则分化出苗。Steward 观察胡萝卜、石刁柏发现，不同的器官建成时期对培养基物理性质要求不同。诱导形成愈伤组织在固体培养基上；细胞和胚状体的增殖移入液体培养基；成株阶段再移至固体培养基上培养更易于外植体的分化。另外，琼脂浓度过高时抑制组织生长。

（2）渗透压。

较高渗透压抑制愈伤组织的增殖。甘蔗属的一个种 Saccharum offcinarum 愈伤组织，当培养基的渗透压达到 2×10^5 Pa 时，生长开始受阻；在渗透压达到 4×10^5 Pa 中，80%细胞生长受阻；达到 5×10^5 ~ 6×10^5 Pa 时，便停止生长；达到 6×10^5 Pa 时细胞死亡。

（3）pH。

愈伤组织的器官发生或体细胞胚发生均要求一个较合适的 pH 值。培养基 pH 变化影响培养物的营养元素吸收、呼吸代谢、多胺代谢、DNA 合成，以及植物激素进出细胞等活动，直接或间接影响愈伤组织生长及其形态建成。烟草花粉胚状体的形成以 pH 6.8 为好，柑橘则以 pH 5.6 为好。

（4）光照。

植物组织培养一般以日光灯为光源，光强度为 1000 ~ 5000 lx，光周期通常是 16 h 光照，8 h 黑暗。愈伤组织和根的诱导和培养不需要光照，而不定芽诱导需要光照。

（5）温度和湿度。

各种愈伤组织增殖的最适温度有差异，从 20 ~ 30 °C 不等，一般为（25±2）°C。培养温度一般为恒温，但夜温降低对苗和根的形成都有好处。由于培养瓶中湿度较大，在高温下，当培养基含有较高的细胞分裂素时，容易导致玻璃化苗的出现。

（6）气体。

培养容器中的气体成分主要指氧气、二氧化碳和乙烯。气体成分在液体培养或生物反应器中的影响比固体培养大。Preil 等（1998）报道，当 O_2 浓度低于 10%时，生物反应器中品红（Euphorbia

pulcherrina）悬浮细胞生长停止；当 O_2 水平提高到 80%时，细胞数从 40% O_2 时的 3.1×10^5 个/mL 上升到 4.9×10^5 个/mL。CO_2 对细胞增殖和分化的作用有争议，生物反应器中 CO_2 水平从 0.3% 提高到 1%，百合科植物蓝春星花细胞生物产量无变化；但仙客来（Cyclamen persicum）的原胚性细胞团随 CO_2 浓度升高而增加（Hvoslef-Eide, 1998）。乙烯水平变化不影响 Brodiaea 细胞的生长。

（7）电场。

Goldsworthy（1986）报道，用一个微电极插入烟草愈伤组织，另一个电极插入离愈伤组织很近的琼脂培养中，通以弱电流（微安培）几周后，处理的组织形成苗频率为对照的 5 倍。

3. 配制培养基的步骤

现以 MS 培养基为例，说明培养基配制的基本步骤：

（1）母液制备。

培养基中营养元素的种类众多，但含量都很少，所以，如果每次配制培养基时都单独称取各种元素，既烦琐且又很难称量准确。为节省时间，便于操作，一般预先配成 10～100 倍的高浓度母液，然后按照所配培养基的量，吸取一定量的母液进行配制（表 5-2）。

生长调节剂的母液，通常按 100 mg/L 的浓度配制。注意，有机物质和生长调节剂的母液，配好后一定放入冰箱保存。

（2）培养基配制。

以配制 1 L MS 培养基为例，在大烧杯或不锈钢锅中加入约 800 mL 蒸馏水，取母液成分各 10 mL，注入蒸馏水中，然后加入蔗糖（一般 30 g/L）、琼脂（5～8 g/L），并在电炉上加热，其间用玻棒经常搅动。待蔗糖和琼脂完全溶解后，加入配好的生长调节物质，然后加蒸馏水定容至 1 L。配好的培养液用 1 mol/L 的盐酸或氢氧化钠调节 pH（5.5 ~ 6.0）。

表 5-2　100 倍 MS 培养基母液的配制

种类	药品名称	含量/g·L^{-1}	种类	药品名称	含量/g·L^{-1}
大量元素	硝酸铵	165	微量元素	氯化钴	0.0025
	硝酸钾	190		EDTA 二钠	3.73
	磷酸二氢钾	17	有机物质	肌醇	100
	氯化钙	44		烟酸	0.05
	硫酸镁	37		盐酸吡哆醇	0.05
微量元素	硼酸	0.62		盐酸硫胺素	0.01
	硫酸锰	2.23	激素	甘氨酸	0.2
	硫酸锌	0.86		NAA	
	碘化钾	0.083		BA	
	钼酸钠	0.025		琼脂	
	硫酸铜	0.0025		蔗糖	

（四）培养基灭菌

无菌是组织培养成功的第一要素。因此，培养基分装完毕后，要及时进行消毒灭菌，以防微生物污染。方法是将已灌入培养基的三角瓶或试管放入高压蒸汽灭菌锅，加热至 121 ~ 126 °C，压力 10.4 kPa，保持 15 ~ 18 min，停止加热。待高压灭菌锅自然冷却，锅内压力与外部压力相同时，打开，取出三角瓶或试管。

（五）接种和培养方法

1. 鳞片组织培养法

剥取健壮、无病的鳞片，先置于洗衣粉液中用软毛刷刷洗，然后用清水冲洗干净，置于 0.1%升汞（$HgCl_2$）溶液消毒 7 ~ 8 min。

然后用 70%酒精消毒 30 s，继而放入次氯酸钙饱和液中浸泡 20 min，其间反复摇动若干次，再放入无菌水冲洗数遍。

接种时，将已消毒灭菌的鳞片切去上半部，下半部切成 0.5 cm 见方的小块，接种到培养基上。在接种过程中，注意工具随时消毒，避免交叉感染。

2. 花药培养

取 24 ~ 26 mm 长的花蕾中的花药，此时期的花药处于单核期，最易诱导愈伤组织。将花蕾用 0.1%升汞消毒 5 min 后用无菌水冲洗 8 次，剥去花药，去除花丝，接种于 MS 培养基上。温度 24 ~ 26 °C，诱导培养阶段连续黑暗，分化培养阶段光照 16 h/d，光照强度 2000 ~ 3000 lx。通过花药培养可获得大量的单倍体。

3. 花丝培养

将未开放的花苞摘下，在超净工作台上用 75%酒精擦洗表面，然后将花苞剖开，切下花丝，接种在培养基上。培养温度 25 °C。与鳞片组织培养相比，采用尚未开花的花蕾、花丝进行组织培养，可以缩短再生植株从移栽到开花的时间。

4. 叶片、叶柄组织培养

取幼叶，从叶柄处剪下叶片，清水冲洗 30 min，用 75%酒精浸泡 10 s，无菌水冲洗 3 ~ 4 次，再用 0.1%升汞溶液浸泡消毒 6 min，无菌水冲洗 6 次。然后将叶片剪成 0.5 cm 见方的小块，远轴面朝上平放于培养基上；叶柄剪成长约 1 cm 小段，同样置于培养基表面。然后置于散射光（500 ~ 1000 lx）下培养，10 h/d，温度 25 °C。接种后 30 d，叶片、叶柄愈伤组织分化出小鳞芽，将小鳞芽转入继代培养基进行增壮和扩繁，并进行生根培养。

5. 百合珠芽培养

将珠芽用自来水冲洗干净，剥去外部小鳞片，把带少量叶原基的珠芽生长点置于饱和漂白粉上清液中消毒 10 ~ 15 min，再用无菌水冲洗 5 ~ 6 次，然后在解剖镜下切取 0.5 mm 大小的生长点，接种于 MS 培养基上。温度（23±25）°C，光照强度 1200 lx，光照时间 10 ~ 12 h/d。

（六）初代培养

外植体接种后先暗培养 7 d 左右，然后转入光下培养，保持光照 10 ~ 12 h/d，光照强度 1500 ~ 3000 lx，温度 23 ~ 27 °C。诱导小鳞茎的培养基为 MS+0.5 mg/L NAA + 2.0 mg/L 6-BA。培养 10 ~ 15 d 后在鳞片内表面朝上和朝下接种均可诱导出小鳞茎。其中，以鳞片切块内表面向上的接种方式为最佳，小鳞茎诱导率达到 180.0%，比鳞片内表面向下接种的诱导率高 110.5%。

将小鳞茎切割转入分化培养基（与诱导培养基相同）中，10 d 后小鳞茎的出芽率（分化率）达到 100%，平均芽长可达到 2.41 cm。如在诱导培养基内继续培养，小鳞茎也可直接分化出苗。

（七）苗增殖培养

当苗高 3 ~ 4 cm 时，分割芽丛成单芽并将芽的叶片去掉 1/3 ~ 1/2，转接到增殖培养基上。增殖培养基为 MS+0.2 mg/L NAA + 2.0 mg/L 6-BA。接种 20 d 后大多数单芽基部可分化出新的单芽，增殖率可达 230%。增殖培养条件与初代培养相同。

（八）生根培养

生根培养基为 1/2 MS+0.5 ~ 2.0 mg/L IAA。生根培养 15 d 后，生根率达到 98%。培养条件与继代增殖培养相同。

（九）驯化移栽和养护

驯化基质为：① 比例为 1∶1 的珍珠岩、蛭石；② 比例为 2∶1 的珍珠岩、蛭石。驯化条件为昼温 20～25 °C，夜温 15～20 °C，空气相对湿度为 80%～90%，基质湿度为 70%～80%。两种基质配比都能使试管苗移栽驯化成活，且成活率均达到 90%以上。一般每隔半个月施 1 次腐熟的稀薄饼肥水，促使枝繁叶茂，鳞茎充实。花期可增施 1～2 次磷钾肥。

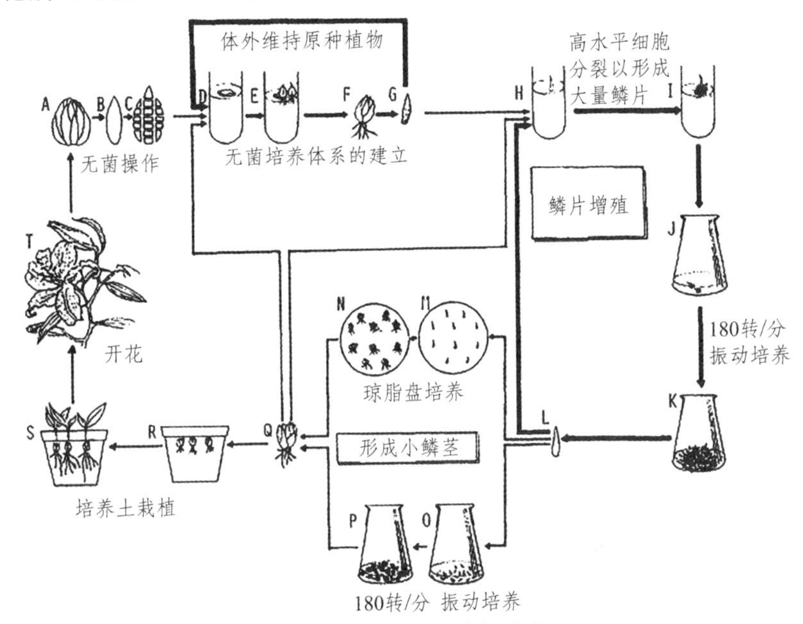

图 5-3　百合组织培养流程

引自：S. Takayama，M. Misama，1983。

（十）激素对外植体分化的影响

在百合组织培养中，一般通过五种途径诱导分化产生小植株。一是器官型，直接从离体茎、叶、花芽、鳞片等通过腋芽发育和不定芽产生，形成丛生芽块。二是器官发生型，即外植体脱分化形成愈伤组织再分化出器官。三是胚状体发生型，即外植体按胚胎发生方式形成胚状体或形成愈伤组织，经原胚期、球形胚期、心形胚期、鱼雷形胚期及子叶期而发育成植株。四是鳞茎型，即鳞片近轴面或在边缘直接形成带根的小鳞茎。五是孢子型，即用成熟或未成熟的孢子进行培养（花药培养和花粉培养）。

激素种类和激素浓度显著影响百合属植物组织培养的成败。

1. 生长素（Auxin）

生长素广泛地应用于植物组培，已成为营养培养基整体的一部分。生长素主要与细胞分裂素结合，用于促进愈伤、细胞悬浮液培养和器官生成。Anxin 一词来自希腊语 auxein，意思是扩大或生长。在细胞水平上生长素控制着一些基本作用过程，如细胞分裂和细胞伸长。因为它能启动细胞分裂，所以涉及分生组织的形成，而该组织既能产生无结构组织也能形成明确的器官。

IAA 可用作植物组培培养基中的一种生长素，但在培养基中常常被氧化，而且在植物组织内迅速被代谢。为了达到不同的培养目标，需要选用某种合成的 IAA 类似物，如 2,4-D、IBA 和 NAA，它们不会被氧化。

依靠培养基中激素的植物组培，当生长素浓度改变时，生长类型也会改变，比如刺激生根变成诱发愈伤。

2. 生长素/细胞分裂素

细胞分裂素/生长素的比值和绝对量调控着植物组织的形态发生和分化方向。早在 1957 年 Skoog 和 Miller 就发现，细胞分裂素/生长素比例高促进分化不定芽，比例低则促进分化不定根。自此之后，就有学者发现组织和器官培养物的细胞分化（Cell Differentiation）和器官形成（Organogenesis）等多方面都被生长素和 CK 浓度之间的互作所调控（图 5-4）。

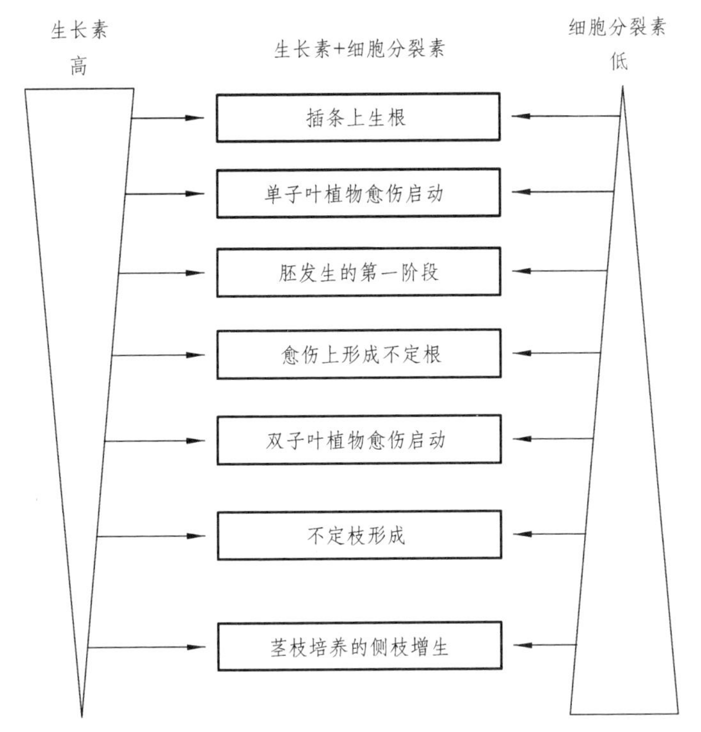

图 5-4　生长和形态建成典型性所需生长素和细胞分裂素的相对浓度

引自：E.F. George 等，《Pant Propagation by Tissue Culture》，2008。

为了形成不定枝和根分生组织，需要维持生长素和细胞分裂素之间的平衡。至于每种类型调节剂必需浓度的不同，则主要取决于所培养的植物种、培养条件和所用化合物。应该说这两类调节剂之间的互作常是非常复杂的，各物质之间的多种组合可能产生最适效果。

第六章　百合的矿质营养特性

第一节　观赏百合对矿质营养的需求

一、氮磷钾三大元素营养

1. 氮素营养

氮是形成蛋白质的主要物质（蛋白质中含氮素16%~18%）；氮也是叶绿素的重要组成部分，光合作用需要叶绿素，缺氮时叶绿素含量减少，光合作用降低，植物矮小、细弱，叶片枯黄，严重影响生长，降低产量。

土壤中氮素充足，则植物茎叶茂盛，叶色深绿；但氮过多，会造成植物徒长，容易倒伏，延迟开花，易感病虫危害，还会引起烧苗。

2. 磷素营养

磷能促进细胞分裂，对根系发育有促进作用，对植物体内养分转化、分解和合成起到重要作用。磷充足，植物成熟早，产量高，品质好，开花色艳；磷还能促进植物体内可溶性糖类的贮存，因而增强了植物的抗旱和抗寒能力。缺磷，影响细胞的形成和增殖，使植株生长缓慢，根系生长不良，延迟成熟，降低产量。

土壤中能被植物吸收的有效磷含量不多，尤其是酸性土壤中有效磷含量很少，需要合理补充。

3. 钾素营养

钾分布在植物生长最旺盛的部位，如芽、幼叶、根尖等。钾能促进光合作用，尤其与淀粉和糖的形成有密切关系；钾能促进植物对氮和磷的吸收，有利于蛋白质的形成，能使茎叶粗壮、枝干坚实，增强植物的抗性。缺钾，植物体内的新陈代谢易失调，光合作用下降，茎干细弱，节间短小，叶片下垂，植株易倒伏，成熟期不一致。

氮、磷、钾三者各有特殊作用，彼此不能替代，但又相互联系、相互制约。

二、观赏百合对 N、P、K 养分的吸收特点

付晓云等（2005）分析了百合不同品种及同一品种在不同生长期对 N、P、K 三大营养元素的吸收情况，发现同一品种的百合在不同生长阶段的 N、K 吸收量差异显著，P 吸收量差异极显著；同一生长期不同品种的百合 P 吸收量差异不明显，而 N、K 吸收量差异显著。景艳莉等（2008）以百合“耀眼”鳞茎为材料研究发现，百合生长初期所需养分主要来自鳞茎的储藏，随着百合的生长对基质中的营养元素吸收量逐渐增大，N、K 吸收高峰期在半枯期后至采收期前的 37 d，P 吸收高峰期在现蕾后 24 d 至采收期前的 58 d；不同百合品种的养分需求存在差异，可能是遗传特性所决定的。杨利平等（2004）以细叶百合为材料，研究表明，植株中氮含量最高时期出现在叶萌动至展叶这一阶段，从春季至秋季果实成熟这一时期，叶片中的氮呈逐渐递减的趋势；磷在生殖器官的含量较高，故在生殖生长期应加大磷肥的施用量。随生产

发育的向前推进，全氮、全磷在地下器官呈增多的趋势，而地上各器官呈明显减少的趋势。孙红梅等（2004）研究发现，现蕾期是百合营养分配的一个重要转折期，兰州百合鳞茎的 N、P、K 吸收高峰为幼苗期至现蕾期，鳞茎的发育对钾营养的需求要大于氮和磷。

东方百合在整个生长发育期间鳞茎和叶片中的氮、磷、钾含量的变化大致可以分成 3 个阶段（吴朝海，等，2015）：第一阶段是第 16 周之前，地下部上根和地上部光合器官的建成阶段，需要鳞茎提供大量的养分满足生长中心对养分的需要，导致鳞茎中的含氮化合物、含磷化合物和含钾化合物加速转化，引起鳞茎中的 3 种化合物含量急剧下降，地上部茎叶由异养逐渐转化成自养，叶片中的氮、磷、钾含量急剧增加。第二个阶段是叶片和鳞茎 3 种化合物同时增长阶段，在 16 周后，叶片处于光合作用最强的阶段，部分光合产物开始向鳞茎中转移，导致鳞茎中的 3 种化合物含量也增加，以含氮化合物和含磷化合物增长最快，含钾化合物增长相对较慢。第三个阶段是地上部茎叶光合产物快速向鳞茎中转移阶段，随着气温的降低，转移速度逐渐加快，使得叶片中的 3 种化合物含量下降，而鳞茎中的 3 种化合物含量增加，以含氮化合物和含磷化合物增加最快，含钾化合物增加较慢。鳞茎内的主要贮藏物质以淀粉的形式存在，从种植期到第 8 周，为了满足上根发育和地上部光合器官建成的需求，淀粉等非可溶性糖类物质转化速度加快，导致鳞茎中可溶性糖含量增加。第 8 ~ 16 周期间，淀粉等非可溶糖的转化停止，而鳞茎部分光合产物逐渐向淀粉和非可溶性转化，导致鳞茎中的可溶性糖含量下降。第 16 周开花后，随着西宁地区气温逐渐下降，叶片中的光合产物加速向鳞茎转移，鳞茎中暂时出现可溶糖积累的现象，在转化与积累时间上与蔡宜梅等报道的东方百合索邦（soborne）生长过程中鳞茎内可溶性糖在 125 d 后仍处于上升的规律有一定的差异，但变化规律基本一致。还原糖除在前 4 周变化较大之外，以后变化幅度较小，而且还原糖的变化小于可溶性糖的变化。

朱峤等（2012）以盆栽香水百合为试验材料，研究了不同肥料配比对香水百合株高、叶片数、叶面积、叶绿素和叶片中氮、磷、钾、钙含量变化的影响，结果表明：① 氮肥对株高、叶面积、叶绿素影响显著，基本呈极显著正相关，② 叶片中氮、磷、钾、钙养分含量均呈先升高后下降的变化趋势，在现蕾期或初花期达到最高。

三、观赏百合对其他矿质营养的需求

Seeley 等（1950）研究了 N、P、K、Ca、Mg 等营养元素的缺乏同 Easter Lilies 叶烧病之间的关系，结果表明，每一种矿质元素的缺乏均不同程度影响到百合叶烧病；同时对植株生长过程中元素缺乏症的形态表现、开花时间早晚等做了研究。纪鹏等（2006）用不同浓度的钙处理百合鳞茎，能显著提高幼苗叶片在低温胁迫下的保护酶活性和保护性物质含量，降低电解质渗透率和 MDA 含量，从而增强百合幼苗抗冷性。何春梅等（2007）在施用 N、P、K 肥的基础上配施硅肥、硼肥等，探讨其对百合生长的影响，结果表明，施 N、P、K 肥的同时配施其他矿质营养，能明显改善百合生长状况，并使各矿质营养得到高效利用。汪禄祥等（2008）用云南产 5 种切花百合品种研究种球内 15 种矿质元素含量的变异和相关性，结果表明，15 种矿质元素中 K 含量和 Na、Ca、Sr、Zn、Mn 的含量相关性极显著，而 P 含量和 Mg、Cu、Mo 含量相关性显著，其他矿质元素之间的相关性均不显著。

第二节　百合的施肥

肥料是植物的粮食，所有植物都必须通过各种方式从周围环境中吸取养料才能健壮生长、发育、开花结果。我国南方地区雨水多，钙、镁容易流失，需要适量补充。氮磷钾在植物生长过程中需要量很大，单靠土壤供给是远远不够的，因此需要经常施肥加以补充。

一、肥料的种类

肥料可分为有机肥、无机肥和微生物肥。

1. 有机肥

有机肥又称农家肥。含有丰富的有机质，成分复杂，其中含的氮、磷、钾等主要营养元素均呈有机物化合态。有机肥包括人粪尿、牲畜粪尿和厩肥、绿肥、堆肥以及沤肥、土杂肥、腐殖酸肥等。具有以下特点：

（1）种类多、来源广。便于就地取材、就地积存、就地使用，成本低。

（2）营养物质全面。不仅含有氮、磷、钾，还含有钙、镁、铁等营养元素。

（3）呈有机物状态，难于被吸收。需要经过土壤中的化学、物理作用和微生物发酵、分解，逐渐释放才能被吸收，肥效稳而长。

（4）可改良土壤。施用有机肥，可促进团粒结构的形成，使土壤具有疏松、透气性状，提高土壤对酸碱度变化的缓冲能力。

值得注意的是，有机肥必须经过充分发酵腐熟后才能施用。

2. 无机肥

无机肥又称为化肥。其特点是：

（1）成分单一。氮、磷、钾等元素以无机化合物状态存在。

（2）纯度高。如 1 kg 碳酸氢铵所含的氮相当于 25～30 kg 的人粪尿的氮含量。

（3）肥效快。大多数容易溶于水，可被植物很快吸收。

（4）成本高，有局限性。

常用的化肥种类有：

（1）尿素：含氮 45%～46%，吸湿性大，易溶于水，中性肥。

（2）硫酸铵：含氮 20%～21%，吸湿性小，易溶于水，肥效快，肥力猛。属酸性肥，不能和石灰混合使用。

（3）硝酸铵：含氮 32%～35%，吸湿性强，极易吸湿潮解，贮藏时应特别注意阴凉、干燥。属中性速效肥。

（4）硫酸钾：含钾 48%～52%，易溶于水。

（5）氯化钾：含钾 50%～60%，易溶于水，酸性肥。

（6）硝酸钾：含钾 45%～46%，含氮 15%～16%，易溶于水，吸湿性小。

（7）磷酸二氢钾：含磷 53%、钾 34%，易溶于水，弱酸性肥，高效速肥。

常用的微量元素化肥：

（1）硫酸亚铁：含铁 20%。

（2）硼酸：含硼 17.5%。

（3）硫酸锰：含锰 24.6%。

（4）硫酸铜：含铜 25.9%。

（5）硫酸锌：含锌 40.5%。

在施肥时，应有机肥、化肥配合施用，既能互相补充，又能发挥缓急相济的作用。

3. 微生物肥

微生物肥也称菌肥。它是利用微生物的生命活动来增加土壤的有效成分，提高肥力。目前使用的菌肥包括根瘤菌肥、抗生菌肥和磷钾菌肥。菌肥最理想的使用方法是与有机肥混用，因为有机肥能提供微生物所需的养分和良好的生活环境。但微生物肥不能与农药一起使用，以防微生物被杀死；也不能被日光直射，因为日光中的紫外线有强烈的杀菌作用。

二、组培小子球栽培的施肥

百合组织培养技术已经成熟，生产和科研中也常常使用组织培养技术快速繁殖百合材料。从培养瓶的无菌苗到大田苗床培育，既要保证高成活率又要保证苗的健壮成长，这期间的管理是非常重要的。龚学堃等（1996）从试管苗到大田环境这一过渡时期，以营养液（大量元素：KNO_3 704.8 mg/L，$Ca(H_2PO_4)_2$ 704.8 mg/L，$(NH_4)_2SO_4$ 440.5 mg/L，$MgSO_4 \cdot 7H_2O$ 149.8 mg/L；微量元素：$ZnSO_4$ 30 mg/L，$MnSO_4$ 90 mg/L，H_3BO_3 70 mg/L，$CuSO_4$ 30 mg/L，$FeSO_4$ 100 mg/L）为基础，并在原来营养液浓度基础上稀释成不同倍数再进行试管苗施肥，结果表明，入土前过渡期第 1 ~ 2 周分别施用 1/4 倍和 1/3 倍效果最佳，入土后施用 1/2 倍营养液，可以在很大程度上提高试管苗的成活率。

三、鳞片扦插繁殖小子球栽培的施肥

鳞片扦插繁殖仍然是百合常用的繁殖方法，具有操作简便易行并能很好地保持原有性状等优点。黄作喜等（2001）研究表明，

百合鳞片扦插繁殖系数及子球直径增长同栽培基质物理结构及扦插前处理有一定的关系。结果表明1∶1的珍珠岩与腐殖土配比，冷藏处理和去顶处理均能提高鳞片扦插的繁殖系数。罗惟希等（2003）利用龙牙百合鳞片繁殖的小子球，研究小子球生长和养分吸收规律，结果显示，鳞茎增长期是N、P、K吸收的主要时期，此期N、P、K的吸收比例占整个生长期的48%～58%，鳞茎增长高峰期是植株营养最大效率期，磷吸收第1个高峰期出现在苗期。杨勋等（2007）利用东方百合“索邦”鳞片，研究不同营养液浸泡鳞片对小子球发生的影响，成功筛选出适合东方百合“索邦”鳞片扦插繁殖的专用营养液配方[m(N)∶m(P)∶m(K)=8∶2∶8 或 12∶6∶12]。王雅琴（2008）研究不同营养液浸泡轮叶百合鳞片对小子球发生的影响，表明用营养液浸泡后的百合鳞片能明显提高繁殖系数且子球根数目也有所增加，同对照相比具有极显著差异，并成功筛选出轮叶百合鳞片无土扦插繁殖专用营养液[m(N)∶m(P)∶m(K)=8∶2∶8 或 10∶6∶10]。王尚堃（2007）以东方百合“索邦”的鳞片为材料进行小子球繁育研究，不仅用营养液浸润百合鳞片，而且用营养液浸润不同的栽培基质，并从中筛选出最优营养液配比[单位：mmol/L，$Ca(NO_3)_2$ 4，KNO_3 2，KH_2PO_4 6，K_2CO_3 1，$MgSO_4$ 2]和基质配方（锯末或锯末与河沙的质量比=1∶1）。综上所述，从结果中分析得出，用适当营养液浸润百合鳞片和栽培基质后再进行鳞片扦插，可以提高繁殖系数并能保证子球的质量。

四、商品百合配比施肥

1. 切花百合栽培和配比施肥

徐琼等（2004）通过不同基质配比对东方百合系生长及其切花品质影响的研究，认为以富含有机质和腐殖质的泥炭土与珍珠岩组合，对鲜切花质量的提高效果最为显著。魏兴琥等（2004）以东方百合为试材，研究了不同的栽培基质和营养液对百合生长的影响，不同栽培目的对基质要求也不同，蛭石对于扩繁子球来说较好，珍珠岩对于培养大球和增加株高较好。唐道城等（2006）以东方百合的 3 个品种为试材，结果显示，不同品种对营养液的要求不同，栽培基质对植株生长的影响有不同程度的差异。陈洁敏等（2002）研究了基质和 N、P、K 配比对麝香百合开花的影响，选出以锯末-河沙（1∶1）或 KD-1 高吸水树脂混沙性潮土作为栽培基质，施 N 肥浓度为 0.0107 mol/L，$m(N):m(P):m(K) = 18:9:15$ 的比例和株行距为 40 cm×30 cm 栽植密度为较优方案，同时研究中发现麝香百合对磷元素比较敏感。综上所述可知，百合的栽培基质对于产出高质量的鲜切花非常重要，在选用合适栽培基质的同时，根据基质营养成分配以合适的施肥管理，将会得到较好的效果。

2. 观赏百合配比施肥

李昱等（2006）研究 3 种不同钾肥对百合生长和切花品质的影响，表明采用基肥撒施、追肥喷施硫酸钾镁肥对促进百合生长以及提高百合花品质的效果最好。郭友红等（2004）在温室田间条件下，研究东方百合养分吸收规律和分配特点，发现现蕾前后百合吸收 N、P、K 的比值分别为 1∶0.17∶1.08 和 1∶0.15∶1.45，结果表明百合生长过程中对钾肥需求要多于 N、P 的需求。王书丽等（2006）研究发现，百合现蕾前缺钙和加钙两种处理之间植株生长没有差异，但现蕾后两处理之间差异显著，并且在缺钙处理组中开始出现植株生长缓慢、花蕾脱落、植株矮小和叶烧现象。说明钙对东方百合生长和鲜切花品质非常重要，建议百合生长期间施用钙肥以减少叶烧病的发生。Van 等（1986）研究表明，以

150 kg/hm^2 施用氮肥能达到较好的效果，并建议 75 kg/hm^2 作为基肥，75 kg/hm^2 作为追肥施用。何春梅等（2006）研究结果表明，以 20 d 施肥一次，纯氮量 180 kg/hm^2 对百合生长的促进效果最好。郭友（2007，2008）等研究了东方百合、麝香百合和亚洲百合生物量动态和施肥之间的关系，发现施肥对 3 个品种整株生物量积累和切花商业品质影响不显著，但能显著改善东方百合的花直径、麝香百合的叶片颜色、亚洲百合每株花蕾数等，同时也能增加生长后期叶和根的生物量。同时研究 3 种切花百合的钾素吸收动态，结果表明在生长前期，营养消耗主要以鳞茎中储存钾为主，在这个时期可以不施钾肥，后期根据土壤养分水平及切花品种适量补充，以提高切花品质，并且发现 3 种切花百合品种对于钾的吸收存在明显基因型差异。吴朝海等（2008）以青海大学高原花卉研究中心多年筛选的自配三号营养配方为基础，研究不同施肥水平对东方百合切花品质和鳞茎糖分积累之间的关系，结果认为 50% 施肥水平对切花生产及鳞茎繁育来说能达到低投入高产出的效果。

考虑 N、P、K 及其他营养元素的科学配比，并且掌握百合营养吸收最大效率非常重要，百合对钾的需求量多于氮磷，基于这个原则才能保证百合鲜切花的质量。施用钙肥可以预防百合叶烧病的发生，这些结论都是在一定的地域和范围之内获得的，在实际生产过程中应因地制宜，采用不同的措施以提高经济效益。

第七章　百合的栽培技术

第一节　品种选择

品种选择对商业栽培切花非常重要。一般根据以下几个因素来考虑。

一、根据市场前景考虑

在市场上，不同的百合品种价格差距较大，品种选好了，能给种植者带来丰厚利润。

二、充分考虑生产成本

种球成本和生产周期是影响生产成本大小的主要因素。

三、考虑品种特性

品种特性包括颜色、枝条的硬度、植株高度、生产周期、种球规格、光敏感性、花朵位置和叶焦枯敏感性等。

1. 颜　色

选择消费者喜欢的颜色，如白色、粉色等。

2. 硬　度

茎的硬度随品种的不同，差异较大，作为生产者，应尽量选择硬度好的品种进行栽培。一年中不同种植时间对茎的硬度也有巨大影响，在温度较高的季节栽培，茎的硬度普遍变弱。

3. 植株高度

植株高度是指在采收时从地面到花序顶部的垂直距离。花枝高的品种售价也较高，所以应选择植株高的品种。

4. 生长周期

生长周期直接影响切花产品能否按计划上市，这对于种植者来说是很重要的。生长周期与温度有直接的关系，同一品种，在夏季栽培，生长周期大大缩短，而在冬天栽培，生长周期必然延长。

5. 种球规格

鳞茎大的品种，花蕾数较多，其切花品种也较好，当然其价格也要高。

6. 光敏感性

若预计将在冬季进入花芽生长发育阶段，则不宜种植易落芽的品种。在光线不好的温室或大棚不能种植容易落芽的品种。

7. 花的位置

多数亚洲百合有直立向上的花苞，其他种群中，有相当数量的品种花苞下垂或侧生。从生产角度来说，这些花苞侧生或下垂的品种，在采收、分类、包装上都十分不利。

8. 花蕾数与外形

对亚洲杂种来说，每个茎上至少要有 5 个花蕾；东方百合杂种来说，每个茎至少有 3 个花蕾。且花蕾大而光滑并有优良颜色的品种备受青睐。

9. 叶焦枯敏感性

某些品种，如 Acapulco、Star Gazer 等容易出现叶片焦枯的情况，影响切花的品质。百合发生叶片焦枯的敏感性不仅与品种有关，还与选择的鳞茎大小有关。在易发生叶片焦枯的品种中，鳞茎大于 14 cm 的百合容易发生叶片焦枯。

第二节　栽培基质

国外大型专业化生产商一般会在种植百合前的 4～6 周对温室内的栽培土壤基质采样并送相关机构进行分析，以获得其栽培基质的 EC 值、pH 值、CEC 值、C/N 值、密度、含盐种类及数量等相关数据，这些分析机构也会给百合生产商提供基质改良方面的参考建议，以给百合生长提供最适宜的栽培基质。国内的百合种植者也应重视基质对百合生长方面的影响。笔者所了解的在生产百合过程中产生病虫害大多数都是使用了不良的栽培基质而引起的。许多种植者肯花大价钱购买进口优质种球，而在栽培基质方面却掉以轻心。“高投入高产出”要建立在包括温室设施、基质、光照、温度等好的栽培环境和好的栽培技术之上，其中任何一环不到位都会影响全局。

一、基质选择

首先基质要干净，无病虫害侵染，没有种植过百合或百合科其他球根类花卉，如郁金香、风信子、铃兰等。百合忌连作，连作极可能发生大规模的病害。最典型的病害是受丝核菌侵染，丝核菌是一种土传真菌病害，在百合芽未长出地面之前开始危害百合，等到百合长出基质后，其表面会有碰伤或昆虫咬食产生的棕褐色斑块，此时对其进行控制已经太晚。尽管丝核菌不会进一步对百合造成伤害，但其所产生的伤口很可能被其他病原物侵染而导致脚腐病或腐烂病等毁灭性病害。

二、pH 值

基质的 pH 值也非常重要。亚洲杂交系百合和铁炮杂交系百合基质 pH 值要在 6～7，东方杂交系百合基质 pH 值要在 5.5～6.5，过高或过低都不可取，pH 值过高，影响百合植株对铁、磷、锰的吸收；pH 值过低会促进百合植株吸收过多的铁、锰、硫，抑制钙、镁、钾的吸收，导致百合的锰、铁、硫“中毒”或缺乏钾、钙、镁等，特别是缺钙，这是导致叶烧病的主要原因。

三、EC 值

百合对高 EC 基质较为敏感，高 EC 值的基质会影响茎秆的高度。对切花生产而言，花材高度是衡量其可利用价值的重要条件，所以，在百合生产前一定要确保生产栽培基质的 EC 值等于或低于 1.5 mS/cm（包括施肥），较低 EC 值能为生产过程中施肥和浇灌较高的 EC 值的水留下空间。当基质 EC 值达到 2 mS/cm 时，百合根系会被灼伤。

四、有机质

百合根系喜排水性、透气性、持水性好的基质。黏重的基质不适合栽培百合。增加基质中的有机质含量可明显改善基质的排水性、透气性、持水性。另外，可在栽培基质中加入发酵腐熟的牛粪或稻壳，牛粪或稻壳必须腐熟一年以上，未腐熟的牛粪、稻壳或其他动物如鸡、马、猪的粪便尽量不要使用太多，以免肥力过高，使基质 EC 值大幅上升，灼伤百合根部。发酵腐熟的稻壳或牛粪含少量养分，主要起到改良基质的物理特性的作用，施用未经处理的泥炭苔也可以起到类似的效果，使用泥炭或草炭还能降低基质的 EC 值（表 7-1）。

表 7-1　基质的使用

改良物名称	使用量/m^3	腐熟时间/月	注意事项
稻壳	30	12 ~ 14	切忌使用过量
牛粪	1	12	切忌使用过量，无病虫害侵染
泥炭苔	3	不腐熟	尽可能使用原泥炭苔
草炭	6	不腐熟	不使用已经使用过的草炭

百合生产中不要使用含氯或氟的栽培基质，在做基质改良时，有些种植者会使用珍珠岩或蛭石改良基质的持水性、透气性、排水性。但有些来源不明的珍珠岩或蛭石里含有氯化物和氟化物，对百合生长很不利，尤其是过量的氟化物对百合的伤害十分明显，如叶片灼伤，类似叶烧病，只是发病部位可能在下部叶片或全株。

第三节 种球处理

购买种球后,可将未解冻的种球放在避光处,温度保持在 10～15 °C，缓慢解冻 12～48 h，解冻时要打开塑料覆盖物，不要在高温或阳光直射的环境解冻，解冻后应马上种植，不能种植的可在 0～2 °C、避光且没有强风的环境中最多存放 2 周。高温贮藏和贮藏时间过长会使百合鳞茎提前萌发和根系提前发育，会影响百合后期品质。对于过了最佳贮藏期的百合种球，即使价格便宜，种植者最好也不要购买，这类种球的花和茎秆长度都没有保证。

百合种球种植前应进行消毒，可使用杀菌剂处理，国内一般采用浸泡法，国外多采用喷施法，以避免浸泡过程中病原物对百合鳞茎的二次污染和交叉感染。

第四节 栽培种植

为了避免百合种球受损应该立即种植解冻后的种球，尽量不要贮藏过久。百合生产栽培有地栽、箱栽和种植床栽培等三种主要方式。一般亚洲杂交系（Asiatic Hybrids）百合和铁炮杂交系（Longiflorum Hybrids）百合较多采用地栽方式生产种植，这种栽培方法基础投入少,适合粗放型管理栽培。而东方杂交系（Oriental Hybrids）百合较多采用箱栽或种植床的生产方式，这种方法对设施要求高，投入较大，管理操作也相对复杂，但它可以控制更多的环境因子，适合精细型管理。

一、种植的前期管理（种球定植后的前三至四周）

冬季生产百合可采用高畦种植。冬季土壤基质温度低，采用高畦种植可使畦面接受更多的光照射，远离地下深层低温传导对土壤基质温度的影响。一般采用高畦可明显提高地温 2 ~ 3 °C。夏季生产百合时要尽量避免高温对百合生长的不利影响，采用低畦种植（理由正好与采用高畦的理由相反），在采用低畦种植百合时要注意土壤基质的排水，切忌在低洼和露天的生产种植区采用低畦种植，以免雨水倒灌和水淹等情况的发生。采用高畦种植百合或其他作物时，高畦的基质土壤表面更容易积累较多的盐分，较高的 EC 值对百合茎秆长度的影响是十分明显的,所以如果灌溉用水的 EC 值偏高（在 1 ~ 1.5 mS/cm），就尽量不要采用高畦种植。无论是高畦还是低畦种植，畦宽一般不超过 1.2 m。这主要是考虑到方便进行生产种植过程中的种植和采收等操作性管理。畦高在 20 cm 左右即可。畦长可视温室规格而定。在垒畦时千万不要将土壤基质弄得过于紧密，不要拍压过多以免造成基质透气性变差。

种植前在畦面上预留出滴灌设施和支撑杆的位置。百合切花生产中较常使用网眼边长或直径在 12 ~ 16 cm 的支撑网,每隔 3 m 左右立一个支撑杆，要选择使用细铁管等结实耐腐蚀、不易被害虫蛀食的支撑杆。竹竿和木杆也可以，只是此类有机物支杆易受水浸腐烂，且易被害虫蛀蚀，一旦此类枝杆折断，整片百合茎秆也会随之折断倒伏，之前所有的努力也将付诸东流。

种球栽植时要小心取出百合鳞茎，用小铲或种球取土铲在畦面上挖出大于鳞茎大小的小坑，将百合鳞茎顶芽朝上垂直于基面直立放入，如果百合鳞茎摆放不正，其茎芽会倾斜生长，待茎芽长出基质面后会自动调整生长角度，重新恢复垂直于基质面的生长状态。种球摆放时不要过于用力按压，以避免用力不当造成损

伤或弄断鳞茎的基生根。摆放好后随即用土壤基质将其覆盖。夏季生产需要挖 8 ~ 10 cm 深的坑，冬季生产要 6 ~ 8 cm 深的坑。在种植过程中要挖一个覆盖一个，不要让百合鳞茎暴露在温室环境中过久，过久的暴露会使鳞茎失水和根系干枯，这会严重影响百合前期的生长发育。在覆盖土壤基质时还要注意不要让摆正的种球再次倾斜，否则种球出芽后会出现畦面茎秆分布不均匀的问题。

百合鳞茎种植密度要根据品种特性、鳞茎规格、光照强度、土壤基质密度、生产季节等综合考虑。比如说，在光照充足的季节，生产密度就可以密一些，在光照差的季节种植密度就应该稀疏一些。

表 7-2 是参考国外一些专业种植者生产上的栽培记录而定的，这些数据是在最佳栽培环境下栽培种植得到的，仅供参考。

表 7-2　百合栽植密度（个/m^2）

品系	鳞茎直径/cm				
	1 ~ 12	12 ~ 14	14 ~ 16	6 ~ 18	18 ~ 20
亚洲杂交系（Asiatic Hybrids）	60 ~ 70	55 ~ 65	50 ~ 60	40 ~ 50	—
东方杂交系（Oriental Hybrids）a 型	55 ~ 65	45 ~ 55	40 ~ 50	40 ~ 50	—
东方杂交系（Oriental Hybrids）b 型	40 ~ 50	35 ~ 45	30 ~ 40	25 ~ 35	25 ~ 35
铁炮杂交系（Longiflorum Hybrids）	55 ~ 65	45 ~ 55	40 ~ 50	35 ~ 45	—
LA 杂交系（Longiflorum ×Asiatic Hybrids）	50 ~ 60	40 ~ 50	40 ~ 50	—	—

注：① 以上种植密度是指在每平方米可以种植的种球个数。

② 东方 a 型是指品种株高为 100 cm 以下的品种。

③ 东方 b 型是指品种株高为 100 cm 以上的品种。

前期栽培管理要点：

（1）不要在黏重和有病害侵染的基质里种植百合，尽量使用符合百合种植基质里介绍的土壤基质，必要的话可以对土壤基质进行改良或消毒，也可以采取轮作的生产方式。

（2）在光照强和温度高的季节仅在清晨和傍晚基质温度低的时候种植，也可以推迟 1 ~ 2 d 种植，以便于对基质采取凉水浇灌、大面积遮光、多通风等降温措施。种植时基质要有一定含水量和较低的温度（低于 15 °C）。种植后要均匀地浇透水并覆盖稻草或草帘等能起到隔热保湿作用的东西。

（3）浇水均匀而透彻。一般水要浇到基质里种球下面 5 ~ 6 cm 处。即浇水要浇到基质里至少 15 cm 的深度。覆盖物要干净，千万不要使用被病原物侵染的旧稻草或旧草帘，以免诱发百合根部病害。随着百合茎生根的发育，其基生根的作用也渐渐被取代。所以上层基质的疏松程度直接关系到百合中期根系的生长发育。不要去踩压表层基质土壤。在灌溉百合时，尽量使用滴灌，不要用大流量的水流冲击土壤基质，这样会使基质变得黏重，会破坏基质原有的疏松的团粒结构，使氧气很难进入基质，从而阻碍了根系生长并使根系变弱，这时一些真菌就可能入侵到根系中，这也是导致根部病害的主要原因。

（4）注意排水。在积水严重的地方要提前解决排水问题，尤其是在中后期生产过程中对基质进行淋溶的时候，这点就显得更加重要了。种植前三至四周内，只浇水，不要施用任何肥料。

（5）在种植百合鳞茎时，不要摘除鳞茎上附带的基生根。与郁金香、风信子等不同，百合在茎生根发育前吸收水和养分的工作主要是由这些老的茎根完成的，所以百合种球在种植时要充满活力，生命力强、无病的基生根是非常重要的。一般在环境适宜的条件下，2 ~ 3 d 内百合鳞茎上的芽便会萌发，6 ~ 10 d 会有少量

的茎芽长出基质畦面，10～16 d大部分都已长出基质面。如果生长发育速度低于上述情况，就说明基质温度偏低，应该增加地温以促进萌发和根系生长。注意时时检测基质温度和湿度。百合根系生长的最佳温度为12～14 °C，在茎生根出现以前应一直保持这个温度。

二、栽培种植中期管理（种植后第四周至花蕾发育阶段）

当百合的茎长出基质，茎生根开始发育，就标志着百合进入生长发育的中期阶段了。此阶段的栽培管理要按品种类型分别说明，这和前期管理“一勺烩”的管理方式是不同的。

1. 空气温度的管理

茎生根开始发育以后，主要影响百合生长发育的是空气温度，基质温度对百合生长发育的影响力逐渐被空气温度所取代。

亚洲杂交系（Asiatic Hybrids）百合和LA杂交系（Longiflorum×Asiatic Hybrids）百合对空气温度要求不是十分严格。最适宜的白天空气温度为14～16 °C，晚上空气温度为10～12 °C。白天最高空气温度不超过25 °C，晚上最低空气温度不低于10 °C。白天温度过高会使亚洲杂交系（Asiatic Hybrids）百合和LA杂交系（Longiflorum×Asiatic Hybrids）百合植株的生长速度超过这一季节里此类型百合的正常生长速度。

生长速度过快不是好事，植株虚长、茎秆变细、盲花落蕾、成品花瓶插期减短、叶烧病等一系列问题会接踵而至。正确的做法是保持白天温度在适宜范围，上下浮动不超过5 °C，而且空气温度上升或下降的速度要小，要让温度缓慢上升或下降。亚洲杂交系（Asiatic Hybrids）百合中有些品种的植株较矮，为了使这些“矮个子”的品种的茎秆尽量地生长发育，应该把白天空气温度保持在 12 ~ 13 °C，晚上空气温度保持在 8 ~ 10 °C，这种方法能保证亚洲杂交系（Asiatic Hybrids）百合有较高的茎秆，而且又能降低光照不足敏感品种的盲花和落蕾败育的可能性。

东方杂交系（Oriental Hybrids）百合对空气温度要求是比较严苛的。其最适宜的白天空气温度为 16 ~ 18 °C，晚上空气温度为 12 ~ 14 °C。白天最高空气温度应低于 25 °C，最低白天空气温度为 15 °C。长时间连续的白天空气温度高于 25 °C 极有可能诱发大规模的盲花和叶片发黄等问题。长时间的白天低温加上湿度饱和的土壤基质，再加上光照不足，就极可能发生大规模落叶，这种落叶如果不能被及时控制的话，就会发展到植株死亡，这种对种植东方杂交系（Oriental Hybrids）百合的种植者而言将是毁灭性的灾害。综上所述，对东方杂交系（Oriental Hybrids）百合而言温度控制是十分重要的。夜间空气温度应保持在最低 10 °C，最高 15 °C 的范围内。短时间的夜间空气温度可以达到 8 °C 左右，持续的 5 °C 左右的夜间空气温度对东方杂交系（Oriental Hybrids）百合而言则是十分危险的，其叶片极可能被冻伤或出现其他的问题。建议种植东方杂交系（Oriental Hybrids）百合的温室应配备较高效先进的加温设施，以在秋冬季生产遇到寒流和冷空气时能及时有效地将温度保持在适宜的水平。

铁炮杂交系（Longiflorum Hybrids）百合是这几种类型中较耐寒的。其生根后的最适空气温度为白天 15 ~ 17 °C，晚上 11 ~ 13 °C。白天空气温度最高不要超过 22 °C，最低不要低于 14 °C，夜间空气温度除了在花蕾期时不能低于 14 °C 外，在其中期发育阶段和种子实生苗幼苗期生长阶段对低温的耐受力是很强的，连续的夜间温度可保持在 0 °C。

对于 LA 杂交系（Longiflorum×Asiatic Hybrids）百合、LO 杂交系（Longiflorum×Oriental Hybrids）杂交百合、OA 杂交系（Oriental×Asiatic Hybrids）杂交百合和 OT 杂交系（Oriental×Trumpet Hybrids）杂交百合，国外种植生产还处于摸索阶段，可供参考及借鉴的可靠的成功种植经验和例子还不多。国外百合育种公司建议将 LO 杂交系（Longiflorum×Oriental Hybrids）杂交百合和 OT 杂交系（Oriental×Trumpet Hybrids）杂交百合的白天空气温度控制在 16～18 °C，晚上控制在 12～14 °C。OA 杂交系（Oriental×Asiatic Hybrids）杂交百合的白天空气温度控制在 14～16 °C，晚上控制在 12～14 °C。

由于缺乏国内实际生产方面的栽培数据，国外的建议温度仅供参考。如果想种植新型杂交百合也可以尝试一下 LA 杂交系（Longiflorum×Asiatic Hybrids）百合，对这种百合国外有较丰富的栽培管理经验，国内已有很多种植者都试种过，市场反应和效果都不错。而 LO 杂交系（Longiflorum×Oriental Hybrids）杂交百合、OA 杂交系（Oriental×Asiatic Hybrids）杂交百合和 OT 杂交系（Oriental×Trumpet Hybrids）杂交百合才刚刚完成育种方面的工作，扩繁供应量相对较少，栽培种植方面的经验较少。生产这些有太多不确定因素及高风险的品种是许多专业种植者不能接受的，建议可少量试种或经常与供应商联系，以接收国外这方面的最新资讯。

如果可能的话，尽量将空气温度控制在最适范围内，这样百合的品质会很好，而且不易出现其他问题。

2. 空气相对湿度的管理

各种类型百合对空气湿度（RH）要求相对一致，一般保持在 80%～85%，重要的是不要有大的波动。大幅度的变化会对百合的生长造成压迫，使百合叶片的水蒸气蒸发量发生混乱，这对一些敏感品种而言就可能诱发叶烧病。在通风降空气湿度（RH）时要逐渐缓慢降低空气相对湿度。浇水时也尽量在早晨进行，以避免浇灌对温室内空气相对湿度的影响。一般清晨室外空气相对湿度高，此时可通风降湿，但要采取以每小时为单位的逐渐增加空气交换量的做法。

3. 光照管理

适合百合生长的最佳光照强度为 20 000 ~ 30 000 lx，百合植株对光照强度的耐受力主要取决于温度、栽培季节、基质含水量、根系发育情况等的综合作用。一般冷凉气候，如冬季生产的百合植株对高光照强度的承受力较强，所以除了极特殊情况要遮阴降温外，冬季几乎不用进行遮阴。夏季生产一般要保证亚洲杂交系（Asiatic Hybrids）、百合铁炮杂交系（Longiflorum Hybrids）百合和 LA 杂交系（Longiflorum×Asiatic Hybrids）百合及 OA 杂交系（Oriental×Asiatic Hybrids）杂交百合的光照强度保持在 20 000 ~ 30000 lx，即在每日光照最强时进行 50% ~ 60%的遮阴，而东方杂交系（Oriental Hybrids）百合和 LO 杂交系（Longiflorum×Oriental Hybrids）杂交百合、OT 杂交系（Oriental ×Trumpet Hybrids）杂交百合的光照强度则要控制在 20 000 ~ 25 000 lx，即在每日室外光照强度达到 1.0×10^{5} lx 左右前进行 60% ~ 70%的遮阴处理，一般夏季在室外光照强度达到 40 000 lx 时就应该进行遮阴处理。建议使用分次遮阴的方法，一般第一次使用 30% ~ 40%的遮阴网，在温室内光照强度逐渐上升时达到 30 000 lx 时进行第二次遮阴，可以确保二次遮阴后光照强度在适宜的范围内。在下午室外光照强度逐渐下降到 30 000 lx 时，也采取分次的方法收起一层遮阴网，

当光照强度再次下降到 30 000 lx 时再次收起第二层遮阴网。百合生长后期花蕾发育阶段对光照强度要求较高，应保持 30 000 lx 或以上，注意过高的光照强度会使百合植株变矮。

百合大部分为相对长日照植物，在短日照条件下也能花芽分化和开花。只不过其生育期要延长。而部分种子繁殖的铁炮百合为绝对长日照植物，只有当日照长度达到 16 h 或以上的时候才能花芽分化，而且花芽分化、花芽发育、花蕾发育都要在长日照条件下进行，直至采收。

亚洲杂交系(Asiatic Hybrids)百合和铁炮杂交系(Longiflorum Hybrids) 百合中有一些敏感品种在冬季生产需补光，以防止盲花和花蕾败育的情况发生。补光时应在距离百合植株 1 m 处高度设带反光罩的灯座，一般一畦一排，灯座间距为 1 ~ 1.2 m，灯泡选用 60 ~ 100 W 的白炽灯，这样在补光的同时又可增加温室的温度。补光时间从晚上 9:00—10:00 开始，次日早上 2:00—3:00 结束。

4. 灌溉管理

百合生长发育过程中起主要吸收作用的基生根分布在基质中上层部分，保持中上层基质润湿是灌溉管理中的工作重点。保证百合植株有充足的水分供应，不要让植株处于水分供应受限制的状态，否则会使成品花株高缩短。一般灌溉要综合基质土壤含水量、光照强度、空气相对湿度等而定。

灌溉方式对百合生长发育也有很大影响，在花蕾发育前又需要降低空气温度和提高空气湿度的时候可采用喷灌的方式。如果基质的 EC 值偏高的话，可采取“淋溶”的灌溉方法，以清洗基质中多余盐分。在日常生产管理中，很多细心的种植者会发现，高频率地灌溉植物时，植物除了徒长还会出现缺乏养分的缺素症状。造成这种现象的原因是基质中可被植物吸收利用的养分随着重复的高频率的灌溉而流失了。植物可吸收利用的养分、矿物质元素是以离子状态存在于基质里的水中的,而主要影响基质 EC 值的就是这些离子的含量。淋溶就是利用这一原理，在植物不施肥又需要浇水的时候，用较大量的清水先浇灌一次，在 30 ~ 60 min 后，再用大量的清水浇灌一次，以确保基质里的可溶性盐类被稀释后随着多余的水不断排出基质。如果一次淋溶后，效果不是十分明显，再增加淋溶次数。注意长时间高频率的淋溶会增加基质的密度，使基质持水性提高、透气性降低。所以如果在发现水的 EC 值偏高后，准备在后期采用淋溶的方式来降低基质中可溶性盐含量，在生产前期就要提高基质透气性，这样能避免因基质持水量过高而导致徒长及根部病害的发生。而对基质土壤团粒结构破坏最少的是滴灌。国外专业种植者建议在生长旺盛的季节每立方米基质浇灌 8 ~ 9 升水。适合浇灌的基质表面应是湿润的，用手摸起来潮湿但不粘手，握成团后几乎不滴水就可以了。千万不要浇灌过量。浇水时尽量在上午或清晨进行，以确保植株叶片在天黑前还是干燥的。必要时可以开启通风或加热升温设备（冬季生产）以使叶片干燥，这样能防止百合叶片被葡萄孢菌侵染致病。千万不要出现有的地段水分供应充足，有的地段水分缺乏的情况。

百合对水质的要求也是比较严格的，水的 EC 值要低于 1.0 mS/cm（不施肥的情况下），水的碱度要在 100 左右。若灌溉用水达不到这一标准，还可以用雨水，雨水是最佳的灌溉用水。荷兰等国家的花卉种植者的温室上都有收集雨水的设备和露天蓄水池。把雨水和水质差的地下水混合后用来灌溉植物，通过调整比例可以解决水质问题。

5. 施肥管理

百合的前期管理阶段是不需要施肥的，中期管理开始逐渐施

肥。在百合的生产管理中，每次灌溉时都在水中加入一些水溶性肥料，浓度不宜过高，N的浓度控制在$8\times10^{-5}\sim1\times10^{-4}$。一般连续3～4次浇灌低浓度肥料后就淋溶一次，以尽量使基质中可溶性盐类含量保持较低水平。这种“薄肥勤施”的方法同以往水肥分开的施用方法（每隔2～3次清水浇灌后施用一次N的浓度为$1.5\times10^{-4}\sim2\times10^{-4}$的肥料，每施用2～3次肥料后就淋溶一次）相比具有减少肥料浪费、提高肥料利用率、减轻基质可溶性盐类的积累等诸多优点。这种施肥浇灌方式非常适合百合这种对高EC值敏感的植物。一般百合生产使用肥料配方如表7-3所示：

表7-3　百合无土栽培常用肥料配方

种类	用量
水	225 L
硫酸镁	45 g
磷酸二氢铵	15 g
硝酸钾	58 g
硝酸钙	80 g
柠檬酸铁	3.8 g
硼酸	3.5 g
氯化锰	2.5 g

摘自：《中国农业百科全书·观赏园艺卷》。

注意：在配制肥料时，硫酸镁和硝酸钙混合易形成硫酸钙沉淀，要分别逐渐溶解这两种肥料，最终混合时要稀释成使用浓度后再混合，以降低钙和镁的离子反应浓度。千万不要一次性向水中同时投入过多量的硫酸镁和硝酸钙。使用此配方要注意使用浓度和施肥方式，每次浇水时施肥应将肥料中N的浓度控制在$8\times10^{-5}\sim1\times10^{-4}$。切忌一次性使用高浓度的肥料。施肥后要用清水冲洗叶片，以避免高浓度肥料灼伤叶片。如果采用无土栽培方式种植百合，应在原有的肥料中增施磷肥。

经常定期性地检测土壤基质并做详细的记录是非常好的栽培习惯，有助于及时发现浇灌和施肥及其他栽培管理方面的问题。下表为适宜百合生长基质的肥力水平范围，如果采用无土栽培方式栽培，其检测数值可能稍低于表 7-4 的数据，因为无土栽培种植方式的作物对肥料的吸收利用率要远高于传统土壤等有机质基质栽培下作物的吸收利率。

表 7-4　适合百合生长的营养成分　　单位：mmol/L

营养成分	品系	
	亚洲百合、铁炮百合、LA 百合	东方百合
K^+	1.0	1.3
Ca^+	1.5	1.8
Mg^+	0.8	1.0
$NO_3^- + NH_3^+$	2.0	3.0
SO_4^{2-}	1.5	1.5
PO_4^{3-}	0.15	0.15
总盐分	<1.5 mS/cm	<1.5 mS/cm

在采用土壤和土壤改良基质种植百合时容易发生由于基质 pH 值变化、基质温度过低或基质湿度过大等原因造成的缺素症（见表 7-5）。

注意：在缺素补施时有的种植者喜欢叶面喷施，这样见效快、吸收好，但对百合而言叶喷施浓度过大极易产生肥料灼伤叶片的情况，且百合叶片对某些特殊肥料较敏感，施用后容易产生药害或药斑，影响成品花的品质。建议应小规模低浓度试喷一周，无不良反应后再采取提高浓度或扩大喷施范围等进一步措施。

表 7-5　百合缺素症的主要表现

缺乏元素	症　状	原　因	解决办法及补救措施
Fe（铁）	植株上层新生组织叶脉间失绿变黄；新生叶容易有轻微的变形扭曲；花蕾发育受阻部严重的铁炮（Longiflorum Hybrids）百合的上部新生叶甚至会变成白色	基质 pH 值过高；基质连续的长时间过于潮湿；基质温度过低	采用灌施螯合铁类肥料，如 EDDHMA 或 EDDHA 等。让基质稍干燥后再浇水或施肥，增加基质透气性，不使用黏重的基质种植百合。降低基质 pH 值至弱酸性范围
氮（N）	植株生长迟缓，叶片茎秆颜色淡，老叶失绿或变成黄色易脱落	氮肥是易随水流失的元素，无论是无土栽培还是土壤种植都易发生缺氮，基质中微生物的反硝化作用以气态氮形式挥发消耗过多量的氮；基质改良是施入的未腐熟的稻壳（C/N 值过高的改良物）微生物在腐熟过程消耗了大量的氮素	确保肥料里有充足的氮肥供应（尿素态氮、铵态氮、硝态氮）。对缺氮严重的植株进行补施硝酸钾、硝酸铵、尿素等速效氮肥。控制氮磷肥的施用量，不施用未腐熟的改良基质
镁（Mg）	老叶叶脉间失绿老叶会变色，新生叶与老叶颜色存在明显的区别	基质 pH 值过低，基质中镁含量少基质温度过低施用大量的氮和磷肥抑制镁的吸收	调整基质 pH 至 7 左右；少使用尿素或硝酸铵等对基质 pH 影响较大的肥料；增施硝酸镁或硫酸镁等速效镁肥

续表

缺乏元素	症　状	原　因	解决办法及补救措施
钙（Ca）	幼叶尖端边缘白化枯死；花蕾败育；根尖生长受阻；引起叶烧病	基质 pH 过低；施用过多的氮和钾肥，抑制钙的吸收；百合植株水蒸气蒸发量减少，钙的运输不到上部组织导致缺钙	调整基质 pH 值理想范围；控制使用氮和钾肥的量；增加基质中有机质含量，补施硝酸钙等速效钙肥

6. 加支撑网

在植株长到 15 ~ 20 cm 时进行第一次拉网，当植株高度达到 40 cm 左右时再拉一层网，也可以将第一层网的高度提高至 40 cm 处。注意在提高网高时不要让网刮伤百合叶片或茎秆。

三、后期管理（花蕾发育至采收及采后处理）

百合的花芽分化在肉眼能看见花蕾前很早就完成了，一般种球定植后两周左右亚洲杂交系（Asiatic Hybrids）百合的花芽开始分化，定植后四周左右铁炮杂交系（Longiflorum Hybrids）百合和东方杂交系（Oriental Hybrids）百合的花芽也开始分化了。花芽分化的早晚和发育速度取决于温度的高低。肉眼能看到的花蕾出现在定植后 7 ~ 10 cm，这主要取决于品种特性、温度、季节、发育情况等因素的综合作用，冬季生长发育速度较慢，个别品种要在定植后 14 ~ 16 周才能见到花蕾。而夏季一些百合品种在定植后 5 ~ 6 周即可看见花蕾。

1. 温度和光照的后期管理

此阶段花蕾发育所需的温度要比前阶段中期管理略高些，平

均温度应再提高 2～5 °C。花蕾出现后植株高度就已基本定型了，较高的光照强度也不会明显影响百合的株高了。此阶段光照强度应保持在 30000 lx 左右或以上，以不晒伤百合植株为限，较高的光照一方面能增加碳水化合物的积累，使茎秆结实，瓶插期延长，另一方面还会使花开后的颜色变得更鲜艳。以“Star Gazer”为例，在光照强度高条件下生产的成品开花后呈现的是颜色较深的红粉色，而在固定遮阴篷下生产的成品开花后呈现的是浅粉色，且花瓣大小、硬实程度和瓶插寿命都要比光照强度高条件下生产的成品差。

2. 施肥管理

花蕾期的施肥应以钾肥和少量的磷肥为主，采取“薄肥勤施”的方法，在切花采收前 2～3 周停止施肥。

3. 疏蕾管理

有些品种的百合会着生很多花蕾，在正常条件下这些花蕾中的大部分都不能完全正常开放。为了避免养分的浪费，需要在花蕾发育 4～5 cm 时进行疏蕾，以确保花序中下层的花蕾有充足的养分供应。疏蕾时仅保留各花枝上的主蕾，其余侧蕾一律摘除，花蕾保留数量要根据品种特性、栽培季节、鳞茎规格、发育情况等综合考虑，留 8～10 个花蕾是比较合适的。如果生产使用的是国产种球，应再减少 2～3 个花蕾。

4. 采收及保鲜处理

为了保证成品百合切花的品质，应该在百合花蕾充分成熟且未开放前采收。对于有 10 个或以上花蕾的百合，要在其至少有 3 个花蕾充分着色后、未有一点开裂前采收，对于 5～10 个花蕾的百合要在至少 2 个花蕾着色后采收（图 7-1）。不要采收未发育成熟的百合，这样的百合切花品质差、颜色淡、花较小。过熟的有开裂迹象的百合在运输途中易产生较多的乙烯，开裂的花朵中的花粉会污染花朵，而且开裂的百合花更易受到运输途中的挤压和碰撞的伤害。

图 7-1　百合采收时的状态

百合花采收要在清晨温度低时进行。切取高度要根据切花百合要求高度和对地下鳞茎的再利用处理方式而定。如果想生产二茬花，应尽量保留较多的叶片。想获得更多的切花百合，应尽量切取足够的长度。切取下来的花应在 30 min 内送入 2 ~ 3 °C 的冷库里进行降温处理。待百合冷却至 2 ~ 3 °C 时再进行分级包装、捆扎等其他工作。

5. 分级及包装

首先将经过预冷处理的百合基部 10 cm 左右的叶片摘除，然后再按照花蕾数、长度、花苞品质、损伤程度进行分级（表 7-6）。

表 7-6　百合切花的分级标准

分级	质量要求	长度
一级	花序完整，花蕾 5 朵以上。最大花蕾长 8 cm 以上。花形优美，均匀对称，花瓣厚、色泽鲜艳、纯正。花径 15 cm 以上。叶色鲜绿发亮，分布均匀，无损伤、黄化、病虫害等，坚硬挺直，粗细均匀	≥80 cm

续表

分级	质量要求	长度
二级	花序较完整，花蕾 3 朵以上，最大花蕾长度 6 ~ 8 cm，花形较完整，花瓣较厚，色泽好、无褪色。花径 12 cm 以上。叶色鲜绿，无严重损伤、黄化和病虫害等。茎较细，无严重弯曲	50 ~ 80 cm
三级	花序不完整，花蕾 2 ~ 3 朵，最大花蕾长 6 cm 以下，花朵有开放或花蕾颜色差，花瓣薄，色泽较差，花径 10 cm 以上。叶色黄、叶片有损伤或病虫害明显。茎细、弯曲、有损伤	30 ~ 50 cm
等外级	花序损坏，花蕾 1 朵，开放或未熟，花瓣畸形。花色淡，边缘卷。叶色黄，严重损伤或脱落，茎细，弯曲。	

引自：周厚高等，《百合》，2004。

分级后可将百合倒置挂起来，置于冷凉干爽、避荫封闭的环境中进行失水软化处理，这样能减少捆扎包装过程中对切花的损伤。软化后，待叶片花蕾有韧性时即可捆扎包装了，10 枝一扎，剪去基部多余茎秆后包上塑料包装袋。包装后可将百合直接装箱进行干运，销售商收到百合后，立即将百合吸水，以便于保鲜出售。还有一种较复杂的适合长途运输的保鲜处理方法：将包装好的百合花束集中放置在切花百合保鲜液中，同时将百合置于 2 ~ 3 °C 的冷库中贮藏保鲜。这样能杜绝植株过快成熟。要保证贮藏时间最低为 2 h，如果销售及运输方面有问题的话在冷库贮藏的最长时间应为 2 d（48 h），贮藏后可将百合装在有制冷设施的保鲜运输车中。由于制冷设备的制冷不均匀造成局部温度低于 0 °C 时，将对切花百合造成冻伤，所以建议将温度调至 2 ~ 3 °C（而最佳贮运温度为 1 ~ 2 °C）。注意东方百合品种“Star Gazer”品种在采收过程中温度变化过快时易出现“棕色花苞”的情况，在采收品种时要在清晨或阴天等低温天气时进行，此品种应在 4 ~ 6 °C 的冷库中单独存放及运输。

第五节 百合的设施栽培技术

箱式栽培和种植床栽培的生产管理流程操作基本上与地栽没有太大的区别，仅在种植方式上不同而已。箱式栽培和种植床栽培适合栽培基质差或连续生产百合的种植者采用。如东方百合对栽培基质要求高，较适合箱栽种种植床栽培。

在百合栽培箱内填充 2 cm 厚度的无土基质，按密度 9～12 粒/箱摆放种球，覆盖 8～10 cm 厚度基质并浇水送入生根室，待茎芽长出基质 8～10 cm 时移入温室，进行正常的生产管理即可。这些无土基质可重复使用，重复使用时建议进行必要的消毒处理。

在采用催芽地载或种植床栽培时，栽培箱（催芽箱）内百合种植密度可以密些，以鳞茎紧靠另一鳞茎为宜。在生根室 3 周左右，茎芽体长至 10 cm 以上，茎生根仅以茎生根呈现根点或微小的突起时，移出栽培基质种植到大田中或种植床内。注意切不可在茎生根长至 1 cm 后过晚移栽，经常检查根系发育情况，宜早不宜迟。催芽种植方法有明显缩短大田栽培时间、降低前期发生病害的风险、提高百合生长的一致性、提高温室使用效率等诸多优点。

第八章　花期调控

第一节　花期调控的生物学原理

开花期是构成切花百合观赏价值的重要内容之一。在百合的栽培过程中，控制花期可直接影响其在市场的价格，花期的提前或延后，可能会给生产者和企业带来巨大的经济效益，也有可能造成严重的经济损失。

一、光周期途径

在光周期途径中，感受光诱导的部位是叶片，感受光的物质是光受体。光受体有光敏色素、隐花色素和紫外线B类受体三类。光受体感受日长和夜长，产生昼夜节律，当昼夜节律发生变化时，促进或抑制一些基因表达，从而启动（或抑制）开花进程（雍伟东，2000）。拟南芥在长日照条件下，昼夜节律平衡被打破，CO基因在叶中的表达量上升，CO基因的表达积累到一定阈值会诱导FT基因的表达（Kobaysshi and Weigel，2007）。FT基因在叶中表达，其产物被运输至顶端分生组织与FD蛋白结合，从而激活花分生组织决定基因LFY和AP1的表达，启动开花进程（Blazquez，2005；Huang et al，2005；Corbesier et al，2007）。

二、春化途径

春化作用与蛋白质和核酸代谢关系密切。还有学者认为，春化作用参与调节发育过程的化学本质是 DNA 的甲基化作用。研究人员通过对模式植物拟南芥的研究，已经发现了在春化促进植物成花途径中存在 FCA、FLC、FRI、VRN 等基因（Lee et al，1994；Oshom et al，1997；Reeves et al，2000；Sheldon et al，1999，2000b；Michael et al，1999）。LFY 是一个枢纽基因，并被认为是最早的活动基因（Reeves et al，2000）。

三、赤霉素途径

赤霉素（GA）途径中，GA 介导的 DELLA 蛋白降解的分子机制目前比较清楚。DELLA 蛋白位于细胞核中，在没有 GA 情况下，阻止植物的发育；但是，当 DELLA 蛋白上的 GA 信号感知区接收到 GA 信号后，这种蛋白的阻遏作用被解除，植株表现正常的 GA 反应和生长发育（Peng et al，1997）。在拟南芥中，GA 通过促进鳌合子基因 SOC1、FLY 和 FT 的表达促进开花（Mutasa-Gottgens and Hedden，2009）。

四、自主途径

自主途径是一条独立的成花诱导途径，现已克隆与之相关的基因主要有 FLD、FCA、FPA、FY、FVE 和 LD（Mouradov et al，2002）。FLD 突变后使得 FLC 染色质组蛋白乙酰化，FLC 表达量上升，进而抑制开花（He et al，2003）。自主途径和春化途径通过一个 MADS 盒类转录因子——FLOWERING LOCUS C（FLC）调

控 LFY 和 AP1 等基因的表达，控制成花过程（Kim et al，2008）。

第二节　花期调控技术

百合花的发生和发育可以分为以下类型：① 花的发生在夏末，且秋季完全发育；② 花的发生在夏末，但发育要延续到来年春天；③ 花的发生和发育都在春季萌芽之前；④ 花的发生在春季，但是其发育要一直持续到萌芽之后（Baranova，1972）。

对于整个百合属而言，低温可以促使枝条伸长、花的发生和花的发育。有人对亚洲百合分别在 7 月 15 日、8 月 1 日、8 月 15 日、9 月 1 日和 9 月 15 日采收，并在 4.5 °C 下贮藏 6 周后发现，所有采收期的枝条都延长；第 1 和 2 采收期（即 7 月 15 日和 8 月 1 日）的鳞茎抽枝后仅有叶片但未发现花的分生组织；8 月 15 日采收的鳞茎抽枝的叶片更多，而且可发现败育的花的分生组织；9 月 1 日和 9 月 15 日采收的鳞茎，花的数量和叶片数量都增加了。低温期间，亚洲百合品种的呼吸速率先增高而后下降（Pergola and Roh，1987）。

光照不仅影响开花的光周期，而且也影响其光合作用。在自然高光照水平条件下，百合植物的质量增加而高度表现降低（Boontjes，1973；Boontjes et al，1975）。百合是兼性长日照植物，长日照促进花的发生（Grueber and Wilkins，1984；Roh，1989）。白炽灯在低光照强度下的中断，可以诱导花的发生。

光照强度增加，可以增加光合作用，从而导致花的发育速率提高、数量增加，减少花的败育。

一、温度调控

亚洲百合根据品种不同，其种球在 2 ~ 5 °C 下冷藏 6 ~ 10 周（Beattie and White，1993；De Hertogh，1996），东方百合与 LA 百合在 2 ~ 4 °C 冷藏至少 8 周，最好是 9 ~ 10 周（Beattie and White，1993；De Hertogh，1996，Holcomb et al，1989）。冷藏的时间太短（从冷库中取出种球太早），促成栽培的时间就会延长。

种球（鳞茎）可以在低温（-1 °C 或-2 ~ -4 °C）潮湿的泥炭中冷冻保存（Beattie and White，1993；De Hertogh，1996；Zhang et al，1990）。亚洲百合和 LA 百合的冷冻温度是-2 °C，而东方百合的冷冻温度为-1.5 °C。种球在进入冷冻之前，应首先冷藏 9 ~ 12 周。冷藏期间高湿度（基质）可以防止种球发芽。

Roh（1985）报道，中世纪杂种，一个亚洲类型，至少需要 5 °C 下冷藏 6 周，并加速开花，并且其开花日照时间不受短日照或长日照的影响。一般说来，长日照是低温不能替代的，然而长日照可以部分替代低温处理，诱导开花并增加植株高度，低温冷藏也可部分替代长日照，但是低温处理仍然是开花所必需的（Ohkawa，1977；Roh，1989；Weiler，1973）。Weiler（1973）报道，如果种球没有事先低温处理，尽管都能萌芽，但却不能开花。低温处理对枝条延长和花的诱导是非常必需的措施（Ohkawa，1970，1977，1979）。

增加鳞茎低温贮藏时间，会导致开花时间缩短、花朵数量减少、植株高度降低和花的品质下降，而且会增加花的败育。

在温室促成栽培中，保持白天温度最高 21 °C，夜温 10 ~ 17 °C（Boodntjes，1982；Boodntjes and van der Rotten，1983；Holcomb et al，1989；Seeley，1982；White，1976）。对于东方百合而言，开始的 4 周，温度在 15 °C，然后再把温度升高到 17 ~ 18 °C。为

了获得最大花枝长度和最小的花朵败育率，避免温度过高，在炎热天气应采取土壤覆盖等办法，尽可能保持土温和气温在 20 °C 左右。

二、光照调控

花的发育主要受温度的控制，而光照强度和日照长度对花的发育几乎没有影响（Beattie and White，1993；Corr and Wilkins，1984; Grueber and Wilkins, 1984; Zhang, 1991; Zhang et al, 1990）。然而几个艳红鹿子百合（*Lilium speciosum* Thunb.）用白炽灯或荧光处理后，开花时间提前了 25d。在北欧，给予约 5000 lx 的 HID（高压气体灯）补充，减少了败育，加速了开花（Treder，2003）。

三、水分调控

低温冷藏种球的基质必须是潮湿的，因为：① 种球的生理过程需要低温和潮湿；② 百合种球在长期贮藏过程中必须特别注意避免失水和干燥(Beattie and White, 1993; Corr and Wilkins, 1984; Hartsema, 1961)。种植过程中的基质应该保持湿润但拒绝水分过多，否则会导致根系腐烂。缺水和萎蔫都会导致花败育或者落花（蕾）。

四、二氧化碳调控

Hendriks（1986）在“Enchantment”上的研究表明，在补充 5000 lx 高压气体灯光照的同时，给予 1.0×10^{-3} 的 CO_2，可使花期提前，败育花减少，花朵品质改善。

五、营养元素调控

对于百合而言，过量的氮素水平会降低植株高度。因为种球贮藏有丰富养分，可以供给百合的前期生长，而使其不需要额外施肥（McKenzie，1989），而施肥是在萌芽后进行的（Aimone，1986），或者说施肥是在芽发育阶段开始的（Beck，1984）。De Hertogh（1996）在百合萌芽前做过试验，每周施加硝酸钙-硝酸钾（2∶1），基质中磷发生了变化。百合的施肥与否应该根据常规的基质和组织分析来判断（表 8-1）。

表 8-1　百合适合生长发育的营养元素浓度

%					1×10^{-6}				
N	P	K	Ca	Mg	Fe	Mn	Zn	Cu	B
2.4 ~ 4.0	0.1 ~ 0.7	2.0 ~ 5.0	0.2 ~ 4.0	0.3 ~ 2.0	100 ~ 250	50 ~ 250	30 ~ 70	5 ~ 25	20 ~ 25

六、植株高度控制

尽管大多数品种的花茎长度在 50 cm，但是切花品种要求更长一些，而作为盆栽的品种一般要求高度在 20 ~ 50 cm。百合高度主要由遗传因素所控制，当然，叶面喷施植物生长调节剂可能对植株高度有潜在的影响（Nell et al，1998）；另外，肥料、贮藏时间长短、鳞茎大小和环境条件（温度、光照强度和光照长短）都影响植株的高度，无病毒繁殖也可使植株较高。

DIF（昼夜温差）指的是通过监测昼夜温差来调节百合植株高度的指标。较大的 DIF 会提高茎的长度（Berghage and Heins，1991；Erwin et al，1989；Karlsson et al，1989）。对于多数百合种类，增加日温将增加植物节间的伸长量（表 8-2）。

表 8-2　三种温室不同昼夜温差的植株高度

	温　室/ °C		
	1	2	3
日温	15.5	13	10
夜温	10	13	15.5
昼夜温差（DIF）	+5.5	0	−5.5
植株高度	高	中等	矮
平均温度	13	13	13

引自：John M. Dole，Floriculture Principles and Species，2003.

温室 1 生产的百合植株最高，因为其昼夜温差最大（+5.5 °C）；温室 3 的百合植株最矮，因其昼夜温差最小（−5.5 °C）；而温室 2 百合植株的高度居中。由于三个温室的平均温度都相同（13 °C），因此三个温室所有植株都同时开花，而且叶片数也相同。

根据对植株茎高度的实际测量，大部分茎的伸长是在日出前或日出后，早晨日出前 2 h 的低温（负昼夜温差）会减少茎的伸长（Cockshull et al，1995；Erwin et al，1989；Grindal and Moe，1995；Moe et al，1995）。在百合促成栽培中也有相同的范例，比如较高的夜温和较低的日温（负昼夜温差），以及日出后温度降低 2 °C 或更多，或者保持昼夜温度平衡（昼夜温差为 0），一般都会降低花茎的伸长（Boontjes and Van der Rotten，1983；Erwin et al，1989；Heins et al，1987；Malorgio et al，1987；Moore，1979）。图形跟踪可以监测植株高度，并有助于栽培者做出高度控制的决策。

化学控制植株高度是一件非常困难而且艺术的工作。有些植物生长调节剂已经有效用于生产之中，比如 A-Rest（嘧啶醇）、Bonzi（多效唑）（Choi 等，2002）。

七、种球储藏调控

促成栽培需要在定植前进行充分的种球冷藏处理。一般取周径 12～14 cm 的大鳞茎，在 13～15 °C 条件下处理 6 周，在 8 °C 下再处理 4～5 周。冷藏时用潮湿的泥炭或新鲜木屑等基质包埋种球于塑料箱内，并用薄膜包裹保湿。冷藏的百合种球已经充分发根，当新芽长度为 5～6 cm 时，应尽快播种。

亚洲百合杂种系（Asiatic Hybrids）中的品种（Nove Cento），在 12 °C 条件下冷藏 60 d，冷藏时间越长，鳞茎解除休眠的时间越短，冷藏 45 d 以上，可完成解除休眠。

抑制栽培需长时间冷藏，先以 1 °C 预冷 6～8 周提高渗透压，亚洲系百合在−2 °C 可贮藏 1 年以上，东方系和麝香百合在−1.5 °C 条件下可贮藏 6～8 个月。

八、定植时间调控

经冷藏处理的百合种球，若能满足其生长发育条件，可随时种植。在长江流域，如果需要百合在国庆前后开花，必须在 7 月中旬至 8 月中下旬定植。但是，此时正在夏季高温，植株生长不良，严重影响切花品质。因此，必须在降温条件较好的设施或海拔在 800 m 以上的冷凉地区种植。如果需要在 11 月至元旦前后开花，取冷藏球于 8 月下旬至 9 月上旬定植，12 月后保温或加温至 15 °C 以上；如果想在春节前后开花，取冷藏球于 9 月下旬至 10 月中旬定植，冬季加温至 15 °C 以上，并给予人工补光。

九、温光共同调控

冷藏的百合种球，自下种至开花一般需要 60 ~ 80 d，在 10 月下旬后需加薄膜或加温到 15 °C 以上，保持昼温 20 ~ 25 °C，夜温 10 ~ 15 °C，注意防止出现白天 25 °C 以上的高温及夜晚 5 °C 以下的低温。注意保护地内的通风透气，避免温度和湿度的剧烈变化，在开花期应减少浇水。百合为长日照植物，尤其是亚洲百合对光照敏感，为防止出现盲花、落花和消蕾，冬季促成栽培需要人工补光。百合的补光以花序上第 1 个花蕾发育为临界期，花蕾达到 0.5 ~ 1.0 cm 之前开始加光，直到切花采收为止。在温度 16 °C 条件下，要维持 5 周左右的补光时间，从 20:00 至次日 4:00，补光 8 h，对防止百合消蕾、提早开花和提高百合切花品种有良好的效果。

第九章　百合的病虫害防治

第一节　主要病害

一、真菌性病害

1. 鳞茎青霉病

（1）发病症状　鳞茎首先出现暗褐色的凹陷病斑，病斑上着白色菌丝，最后长出绒毛状绿蓝色的霉层。

（2）病原及发病条件　病原为圆弧毒霉菌和从花青霉菌。主要通过鳞茎伤口侵入并在整个贮藏期间传染，温度 5 ~ 10 °C，潮湿、通风不良条件下发病严重，但在 0 °C 以下低温时，侵染慢，直至-2 °C 低温时，青霉仍有微弱侵染能力。

（3）防治办法　挖掘、分级、运输过程中尽量避免损伤鳞茎。鳞茎入库前用 50%扑海因可湿性粉剂 500 倍液浸泡 10 min，捞出晾干后贮藏。鳞茎入库后，要保持通风并尽快降低温度至 0 ~ 6 °C；经常检查贮藏库。发病后，去除受伤鳞片，重新用 2%高锰酸钾溶液，或 1% ~ 2%硫酸铵溶液，或 0.3% ~ 0.4%硫酸铜溶液浸泡 60 min，晾干后再贮藏。

2. 鳞茎软腐病

（1）发病症状　鳞茎贮藏或运输期间常见病害。鳞片上出现水渍状斑点，后变为暗褐色，鳞茎逐渐变软、腐烂，表面产生灰白色霉层和黑褐色粉状物，并散发辛辣气味。

（2）病原及发病条件　病原为匍枝根霉，病菌从伤口侵入鳞片，菌丝体由鳞片伸展到基盘，再由基盘侵入其他鳞片，在温暖潮湿条件下，2 d 之内鳞片即被破坏。

（3）防治方法　鳞茎挖出时避免损伤；贮藏及运输时尽量保持低湿、干燥。

3. 茎腐病

（1）发病症状　受害鳞茎基盘及鳞片基部首先出现褐色腐烂，并沿鳞片向上扩展。在生长季节除鳞茎表现上述症状外，地上茎基部叶片黄化。生长缓慢，植株矮小。地下茎部首先出现褐色斑点，并逐步扩大并深入茎内部，导致地下茎腐烂，最后植株枯死。

（2）病原及发病条件　由尖孢镰刀菌茄镰孢及自毁柱盘孢菌等复合侵染，带病球根和污染土壤是病害的主要侵染源。病菌通过伤口或寄生虫侵染。高温条件下发病严重。

（3）防治方法　夏季栽培时，温室及土壤尽量保持较低温度；销毁严重的病球，并对轻度感染种球可采用 50%福美双 500 ~ 800 倍液或 80%代森锌 1000 倍液进行消毒后立即种植。生长季节发病，可用 50%复方硫菌灵 800 倍液或 70%甲基托布津 800 ~ 1000 倍液根灌或喷雾结合治疗，7 ~ 10 d 1 次，连续 3 次。

4. 灰霉病（也称叶枯病）

（1）发病症状　叶、茎、花蕾都会受害。发病时幼嫩茎叶顶端染病后生长点变软，叶片上有黄、赤褐色圆形或卵圆形斑，周围水渍状，湿度高时呈灰色霉层。受害的茎变褐后缢缩、折倒。花蕾被侵染后出现褐色小点，扩大后腐烂，严重时，可使很多花蕾粘连在一起。鳞茎被侵染后也可引起腐烂。

（2）病原及发病条件　菌丝体或菌核在病部或土中越冬，第二年春季气温升高后产生分生孢子，通过风、气流传播。22 ~ 25 °C为该病原适宜温度，雨雾多、湿度高（90%以上）的环境中扩展快，发病严重。

（3）防治方法　选取健康、无病菌鳞茎作为种球；栽植时不要过密，并注意通风透光；发现染病迹象，立即拔除；初病期可用30%碱式硫酸铜悬浮液乳剂400倍液、60%防霉宝2号水溶性粉剂700 ~ 800倍液、50%速克灵可湿性粉剂2000倍液、50%扑海因可湿性粉剂1500倍液、65%甲霜灵可湿性粉剂1000 ~ 1500倍液、甲基托布津1000倍液等喷施，并可交替使用。

5. 疫　病

（1）发病症状　全株（包括花器、叶片、茎、茎基部、鳞茎和根）均可发病，感病花器枯萎、凋谢，其上长出白色霉状物；叶片初出水渍状，而后枯萎；茎部与茎基部组织初现水渍状斑，而后变褐、坏死、缢缩，染病部以上部位完全枯萎；鳞茎褐变，坏死；根部变褐、腐败。

（2）病原及发病条件　病原为恶疫霉和寄生疫霉。在鳞茎带病、排水不良，以及夏季高温连续降雨、潮湿条件下发病严重。

（3）防治方法　选取健康鳞茎，栽培中设置防雨措施，注意排水。避免连作。降低夏季栽培的温度和湿度。发病后可用25%甲霜灵500 ~ 700倍液喷雾，或60%百菌通400 ~ 600倍液喷雾。

二、细菌性软腐病

1. 症　状

主要为害鳞茎，初产生灰褐色不规则水浸状斑，逐渐扩展，向内蔓延，造成湿腐，导致整个鳞茎变软形成脓状腐烂。

2. 传播途径和发病条件

病菌在土壤和鳞茎上越冬，翌年侵染鳞茎、茎及叶片。

3. 防治方法

选择排水良好的土壤，生长季节避免造成伤口，挖掘鳞茎时不要碰伤，减少侵染。起球后喷洒 30%绿得保悬浮液 400 倍液、47%加瑞农可湿性粉剂 800 倍液、72%农用链霉素可湿性粉剂 4000 倍液。

三、病毒性病害

百合病毒病主要有百合花叶病、坏死斑病、环斑病和丛簇病。

1. 症　状

百合花叶病叶面呈浅绿、深绿相间斑驳，严重时叶片分叉扭曲，花变形或蕾不开放。百合坏死斑病有的呈潜伏侵染，有些产生褪绿斑驳，有的出现坏死斑。背后环斑病在叶片上产生坏死斑，植株无主干，花发育不良甚至无花。百合丛簇病植株呈丛簇状，叶片呈浅绿色或浅黄色，产生条斑或斑驳幼叶染病后向下反卷、扭曲，全株矮化。

2. 传播途径和发病条件

百合花叶病和环斑病毒通过汁液接种传播，蚜虫也可传播；百合坏死病通过鳞茎传播；百合丛簇病由蚜虫传播。

3. 防治方法

选取健康植株的鳞茎繁殖，有条件的可设立无病留种地。发病植株及时拔除。生长期间及时喷洒 10%吡虫啉可湿性粉剂 1500 倍液或 50%抗蚜威超微可湿性粉剂 2000 倍液，控制传毒蚜虫。发病初期喷洒20%毒克星可湿性粉剂500～600倍液或0.5%抗毒剂1号水剂300～350倍液、5%菌毒清可湿性粉剂500倍液或20%病毒宁水溶性粉剂500倍液，7～10 d 1次，连续3次。

第二节　主要虫害

一、线　虫

由根结线虫引起，为害根部。根系上出现根瘤，地上部分表现为生长缓慢，叶片弯曲变黄等。防治措施：涕灭威300 g/100 m^2进行土壤消毒；用地前30 d每667 m^2用棉隆40%可湿性粉剂1.0～1.5 kg，拌10～15 kg细土进行沟施或撒施。

二、蚜　虫

主要危害生长期的叶和花，刺吸汁液，并传播多种病毒。防治措施：40%氧化乐果2000倍液喷杀；25%鱼藤精、40%硫酸烟精、24%万灵水剂1000～1500倍液喷杀；50%马拉硫磷1000倍液喷杀。

第三节　生理性病害

一、叶片焦枯

表现为叶尖和叶边缘发黄然后变为棕色。这一问题主要是由

高浓度的氟化物所致，可以通过选择抗性强的品种和减少氟化物污染来控制。氟化物主要存在于过磷酸钙和灌溉水中（Marousky and Woltz，1977）。而珍珠岩中不含氟化物，可以使用（Nelson，2003）。

1. 症 状

多在植株高 25 ~ 35 cm、花芽即将露出叶丛时发生。初发病时幼叶内曲，数天后出现黄绿色到白色斑点，此时植株仍可正常生长；若病情继续发展，白色斑点转成连片的褐色，叶片弯曲，植株停止发育。

2. 病 因

根系发育差、土壤含盐量过高或温室中相对湿度急剧变化，吸水或蒸腾不足引起幼叶细胞缺钙而致。

3. 防治措施

选择抗性品种；选取具有良好根系的鳞茎；栽培中保持环境相对湿度在 75%左右，防止过速生长和过度蒸腾。

二、叶片黄化脱落

切花百合低位叶枯黄和枯死的原因是多方面的，也是东方百合生产中常见的问题。在生产过程中，一些原因包括根损伤、根减少（高盐水平、通气不足、过度灌水和根腐烂），或者种植密度过大，植株底部光照差，以及长时间冷藏出芽后也会导致叶片黄化。

1. 症 状

百合生长中后期、花芽生长期，植株中下部的叶片黄化脱落。

2. 病　因

土壤肥力不足，通透性差，茎生根发育严重不良；或栽植过浅，无茎生根；或栽植时，鳞茎出芽超过 3 cm，根系发育不良；或灌水过多，烂根引起。

3. 防治措施

种植深度适宜，在鳞茎上方应有 6 ~ 10 cm 的覆盖土，种植的密度不要太大。适当灌水，追施氮肥。

在生产过程中，叶变黄可以通过在较低叶片上喷洒 1∶1 的 BA-GA 来防治（Franco and Han，1997；Han，1995，1997；Heins et al，1996；McAvoy，2001）。第一次喷洒在可见芽前 7 ~ 10 d，第二次在可见芽后 7 ~ 10 d，浓度为 $5:5\times10^{-6}$ 到 $25:25\times10^{-6}$。过早使用或浓度过大都会导致茎的伸长。

当花蕾长度为 8 cm 左右时，喷洒 $100:100\times10^{-6}$ 的 BA-GA，可以防止冷藏后的百合花叶片变黄，但必须在冷藏前的 2 周或更短的时间内使用，过迟会导致茎伸长（Ranwaha and Miller，1999）。

三、盲　花

花蕾在很小的时候出现中途死亡（败育），或者花芽发育很好，到快要出芽时死亡，这两种情况都可能是由于根系损失（可溶性盐水平高、水分胁迫或根系腐烂）、低光照（密度过大或遮阴）、乙烯或温室胁迫期间的高温造成的。

1. 症状及病因

叶丛完全展开时，花蕾部位无花蕾。这是由于花芽分化时期日照长度不足造成茎生长点先端枯萎，无花芽形成所致。

2. 防治措施

在百合花芽分化期间给予充足的日照长度和光照时间。

四、花芽干缩和落花芽

1. 症　状

在花芽完全形成至花芽即将开放时均可发生。如发育早期出现芽干缩，会在花芽形成的叶腋部位出现白色斑点，后期会见幼小的绿色的花被片，内部无雄蕊和雌蕊，当花芽长到 1 ~ 2 cm 时会出现落芽。

2. 病　因

首先是光照不足，当光照不足，芽内雄蕊产生乙烯，引起芽败育；其次，温度低（低于 12 °C）；最后，土壤过分干燥。

3. 防治措施

及时给予补光、加温和灌水。

第十章　切花百合采后衰老

衰老是在植物生长发育的最后阶段导致许多细胞与器官自然程序化死亡的、主动的生理过程。百合切花和其他切花一样，采后的寿命是其重要的品质特征。对于很多切花，采后由于衰老进程的加快，导致乙烯的大量形成而使得瓶插寿命明显减少。在鲜切花生产中，由于保鲜不佳所造成的经济损失相当严重，仅储藏保鲜环节的经济损失就达40%之多（刘岚和徐品三，2007），这不仅极大地影响了其经济效益，还降低了我国切花参加国际竞争的能力。因此探明百合切花衰老机理及研究其切花保鲜技术是当前的重要课题，具有重要的经济价值和现实意义。

第一节　植物的发育及衰老

植物个体发育到一定阶段，细胞、器官乃至整体的生理活动和功能逐渐衰退，发生了一系列不可逆的变化，衰老就是指导致植物各部分功能不可逆衰退的过程。花的衰老和脱落是园艺产业的主要问题，因为它降低了花的产量和品质。花朵或植株其他器官的衰老主要受遗传基因的支配，同时也受光、温度、水分、营养等环境因子的影响。

自1928年Molisch提出营养亏缺学说以来，新的衰老学说相继被提出，如植物激素调控理论、自由基损伤假说和DNA损伤假说等。花器官的衰老并非同步，根据其各自独特的生理功能，花瓣是首先出现衰老的组织，而在花发育的整个阶段，雌蕊特别是子房仍然保持其功能以确保种子的发育。花瓣的衰老在一些种表现为受到乙烯调控，而另一些种则不然；目前，大量研究聚焦在如何用糖、激素和其他可能的因素来延缓花瓣的衰老。切花切离母株后，除水分失衡、营养物质缺乏之外，体内内源激素的代谢紊乱更会加快切花的衰老进程。大量研究表明生长素具有延缓和促进切花衰老的双重作用，细胞分裂素可延缓切花衰老，赤霉素与延缓切花衰老或无相关性，脱落酸则促进切花的衰老。外源激素处理百合切花受切花品种、环境、激素浓度、处理时间以及其他物质成分等方面因素影响，其具体的保鲜效果以及对衰老生理机理的作用仍需要大量研究论证。

第二节　植物衰老的方式及生物学意义

一、植物衰老的方式

衰老是成熟的细胞、组织、器官或整个植株自然地终止生命活动的一系列衰败过程，它可以在细胞、组织、器官和整体水平上表现出来。植物的器官不同，生长方式不同，其衰老的方式也不同。

根据植物生长习性与器官死亡情况将植物衰老分为4种类型：①整体衰老。1～2年生植物在开花结果后出现整株衰老死亡。

② 地上部分衰老。多年生草本植物如球根类花卉、菊花等，地上部分随着季节的结束而死亡，但地下根系或球茎（鳞茎）仍然可以继续生存。③ 脱落衰老。由于气候因子导致的叶片、花朵等器官的衰老。④ 渐进衰老。大多数多年生木本植物，较老的器官和组织衰老退化，并被新的组织或器官替代，随着时间的推移，植株的衰老逐渐加深。

值得注意的是，在同一植株上可能发生多种形式的衰老。

花朵是一个复合器官，一般由萼片、花瓣（花冠）、雄蕊和雌蕊组成。其中花瓣寿命一般较短；而花萼在花瓣萎蔫或脱落时仍维持正常的生命活动；雌蕊内的胚珠则常在其他花部位衰老时发育成果实。因此，切花的衰老通常是指花瓣从充分展开到出现萎蔫、脱落，失去观赏价值为止的过程。

二、衰老的生物学意义

衰老是植物在长期进化和自然选择中形成的一种不可避免的生物学现象，是植物为适应季节变化，保护种族延续的积极响应。衰老不仅能使植物适应不良环境条件的侵害，而且对物种进化起着重要的作用。

三、百合花发育及衰老的形态表现

因为花朵美丽是切花的主要观赏价值，努力延长花朵的寿命是花卉商业栽培者一直追求的目标。在这个领域中，科学家已经开展了一些研究来试图解开切花衰老的机理，并产生了一些相关技术。

百合的花有两轮有色的花叶，称为花被片。外层有三瓣花瓣和绿叶，内层有 3 片花瓣和萼片（图 10-1）。

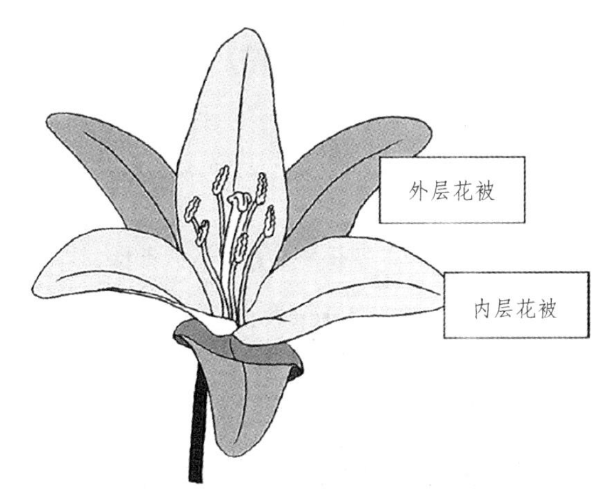

图 10-1　花朵花被结构

引自：Wouter G. van Doorn，Susan S. Han，2011。

叶片黄化是切花百合衰老的普遍表现，黄化首先是从花茎基部开始逐渐向上发展。在切花采摘时其实花序基部已经出现黄化叶，花店的通常做法是剪除茎基部的黄化叶甚至绿叶，但大多数消费者这时一般不会抛弃花序，除非花朵已经枯萎。我们认为：叶片黄化、凋萎和褐变影响到切花百合的寿命。

第 Ⅰ 阶段（封闭的芽，绿色的花被片）

第 Ⅱ 阶段（仍然关闭但欠压实的器官）

第 Ⅲ 阶段（花，绿色的花被片）

第Ⅳ阶段（完全白色和水合花被）

第Ⅴ阶段（脱水的花被片，花被片脱落萎蔫之前）

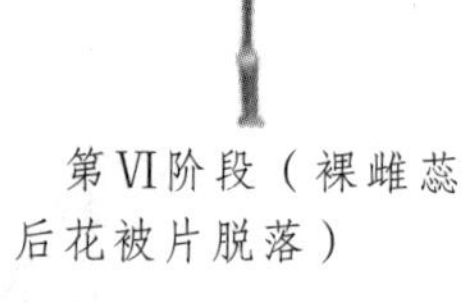

第Ⅵ阶段（裸雌蕊后花被片脱落）

图 10-2　百合花朵发育阶段的进程

引自：Laia Arrom，等，2012。

第三节　花瓣衰老过程的生理生化特性变化

切花花瓣衰老时的生理生化变化主要表现在细胞膜的结构、功能和性质变化，水解酶活性提高，大分子物质降解等，并伴随有呼吸高峰。

一、水分平衡与切花衰老

切花的水分关系依赖于一些调节水分流失和吸水率的生理和解剖学特征（van Doorn，1997）。这些性状是在采前时期建立的，是栽培过程中基因型与环境复杂的相互作用的结果，随后将决定特定切花的潜在花瓶寿命（即最大花瓶寿命）。例如，虽然空气的相对湿度（RH）对培养作物生长和视觉质量没有显著的影响（Torre，Fjeld，2001），高湿度（≥85%）下种植的玫瑰，其瓶插寿命缩短。然而，高 RH 培养后寿命的缩短与基因型密切相关

（Mortensen 和 Gislerød，1999）。在 RH 升高下生长的敏感品种表现出早熟的采后衰老症状，这通常与水分胁迫有关，包括花期过早、叶片萎蔫和花梗弯曲（Torre et al，2001；Mortensen 和 Gislerød，2005）。

切花产品的价值体现在“新鲜”上，而新鲜直接与水分平衡有关。

（一）切花水分平衡的概念

切花的水分平衡（Water Balance）是指切花的水分吸收、运输以及蒸腾之间保持的良好平衡状态。切花在采收后瓶插时，都要经过蕾期、初开花、盛花期和衰老的阶段。在这期间，花枝鲜重先是逐渐增加，达到最大值后又逐渐降低。在正常情况下，切花从瓶插至盛开期间花瓣鲜重增加明显，花枝吸水速度大于失水速度，保持着较高的膨压，花枝充分伸展，花朵正常开放；但是，如果水分供应不足，花朵就无法正常开放，出现僵蕾、僵花；当花朵盛开后，花枝的吸水速率逐渐下降，水势降低，当失水明显大于吸水时，花朵便出现萎蔫。

有关切花百合衰老与水分的关系报道很少。切花瓶插寿命取决于花枝吸水和失水间的平衡关系（高勇，1990）。吴中军（2009）研究表明，桃花枝在瓶插期间，水分平衡值先表现为增加，随着瓶插天数增加，水分平衡值逐渐下降。切花在衰老过程中其水分平衡值是逐渐减小的，出现负值越早，则表明其衰老越快，相反则表明切花衰老得越慢。

真空冷却之前喷洒适当的水分可以促进冷却速率并降低温度，同时延长切花瓶插寿命（Tadhg，Da-Wen Sun，2001）。

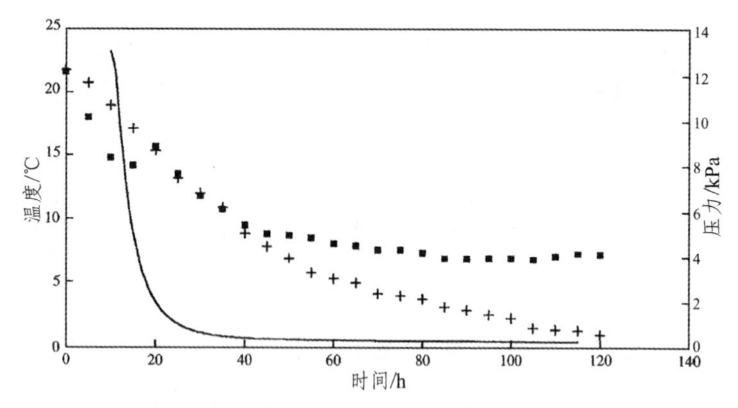

图 10-3　温度和水分对切花瓶插寿命的影响

Van Doorn（1997）认为，许多切花早期花瓣的凋萎是由于水分的缺失，低水势直接导致凋萎。何生根和冯常虎(2000)认为，花瓣的持水力随着花龄而变化，衰老的花瓣细胞膜失去半透性而导致离子外渗，最终使组织严重失水萎蔫。

（二）花瓣发育进程中的水分平衡

切花花瓣发育来自细胞数量的增加和细胞体积的增大，其中以细胞体积的增大为主导。花瓣细胞体积增大需要两方面的协同作用，一是有细胞壁机械特性的变化引起的细胞壁膨大；二是有渗透物质的积累引起的物理动力使水分进入细胞。不良的水分平衡状况会通过影响膨压和渗透物质的浓度直接影响花瓣的伸长。如把干藏后的月季花进行瓶插，花朵的最大直径小于未经干藏者；延长干藏时间，花朵不能正常开放（Halevy 和 Mayak，1975）。

（三）水分状况与花瓣寿命

花瓣寿命通常由以下几个方面决定：一是花瓣脱落，即脱落

导致花瓣寿命的终结；二是花瓣萎蔫，一些植物种类在花瓣衰老之前的症状是萎蔫或枯萎。花瓣在出现这些症状之前，往往伴随着切花水分状况影响无机离子、有机离子、还原糖、氨基酸，以及花青苷等渗漏的剧烈增加。

（四）切花水分吸收与堵塞

当大量导管因空泡作用而失效时，吸水会进一步受到抑制（van Doorn，1997）。在切面处的空气栓子（van Doorn 和 Jones，1994）和细菌闭塞（Bleeksma 和 van Doorn，2003）都被证明可以诱导空化。

1. 水分吸收、水势以及渗透调节

（1）水分吸收速率　切花的水分吸收（Water Absorption）通常用水分吸收速率（Water Absorption Rate）来衡量。切花由初开、盛开、盛末到衰败的过程中，水分吸收速率由低到高，达到最大值后逐渐降低。

（2）影响水分吸收的因素　外界因素包括蒸腾拉力、温度、瓶插液中的离子组成都会影响水分吸收。温度影响溶质黏性，提高水温可以增加切花干藏后茎秆的水合作用。硬水往往降低切花茎秆水分吸收速率，去除硬水中的离子可以改善月季切花的水分吸收，延缓萎蔫进程。

（3）渗透调节（Osmotic Regulation）对一般植物细胞来讲，当发生水分胁迫时，能够增加单位细胞的溶质浓度，而进行渗透调节，并以此来部分或完全防止膨压降低。

2. 切花瓶插过程中的水分吸收堵塞

水分吸收堵塞（Water Absorption Block）是切花瓶插过程中最常见的问题。

（1）茎秆基本或木质部内部的堵塞　这是切花早期膨压降低的主要原因。

（2）茎秆基本创伤反应引起的堵塞　鲜切花采切时的伤口往往激活植物的防卫反应，导致木质素、木栓质以及单宁等堵塞木质部导管的生成。

（3）切面分泌物堵塞　切花茎秆切割时，其表面通常分泌一些物质，如黏液、松脂、乳汁等。这些分泌物都会不同程度导致水分吸收堵塞。

Dimitrios Fanourakis 等（2011）研究明确表明，采前环境湿度对采后水分关系的主要影响与水分损失的调节密切相关，因为茎干的导水率和空气栓塞的恢复不受长期高 RH 的影响。因此，木质部解剖不能解释差异品种对高 RH 的敏感性。相反，不同品种之间的差异很大程度上可以用它们控制水分流失的对比能力来解释。

（五）切花蒸腾与萎蔫

切花蒸腾（Transpiration）分为气孔蒸腾（Stomatal Transpiration）和表皮蒸腾（Cuticular Transpiration），气孔蒸腾是切花蒸腾失水的主要方式。

1. 切花蒸腾与气孔

切花蒸腾与气孔分布　气孔通常存在于绿色表皮组织（叶片），有时也存在于非绿色组织的表皮，如花瓣，Esau（1965）发现切花雄蕊和雌蕊也有气孔存在。

2. 气孔调节

水分供给不足即水分胁迫，导致气孔闭合，这可能是因为积累了 ABA 的缘故，而水分胁迫后气孔的再度缓慢开发可能是因

为 ABA 的缓慢降解。已经证明外源细胞分裂素能够诱导气孔开放，促进切花萎蔫。

二、呼吸作用与切花衰老

（一）呼吸代谢变化

呼吸是所有花卉产品共有的生理代谢过程，一方面为切花供给保证生命活动所必需的能量，另一方面却带来营养物质的自身耗损，还是使切花发热变质的热量源泉。在切花采收后，光合作用基本不再进行，呼吸作用是主要的新陈代谢进程，是体现其为“活物”的标志，花本身呼吸的强弱，密切地影响着其在贮运中的生理机能、生理失调和衰老的进程等，即影响其耐贮运性和抗病性。

1. 呼吸作用

呼吸作用标志着生命的存在。呼吸作用是指植物有机体在一系列复杂的酶参与下，由一系列中间反应过程进行生物氧化——还原作用，复杂的有机物逐步分解为 CO_2 与 H_2O，同时释放能量的过程。呼吸作用主要包括无氧呼吸与有氧呼吸两类：

（1）无氧呼吸　指在缺氧或者氧气供应不足的情况下，细胞将某些有机物分解成不彻底的氧化产物（如乙醇或乙酸）时释放少量能量的进程，化学式为

$$C_6H_{12}O_6 \longrightarrow 2C_2H_5OH + 2CO_2 + 54\ kJ$$

（2）有氧呼吸　有氧呼吸为植物进行呼吸作用的主要形式，是植物在氧气充足的时候，有机物彻底氧化为 CO_2 与 H_2O，同时释放大量能量的呼吸过程，化学式为

$$C_6H_{12}O_6 + 6O_2 \longrightarrow 6CO_2 + 6H_2O + 686\ kJ$$

由上可见，呼吸作用是一个消耗有机体的过程，尤其是无氧

呼吸，其作用仅是对有机物的不彻底氧化，供给很少的能量，是贮存营养物质的非有效利用，可以说是浪费，其产物乙醇对植物体具有毒害作用，所以，无氧呼吸是一个既耗费营养又产生毒害作用的极为不利的过程。作为被切断了母体营养源的切花等花卉产品，应尽量减少呼吸，特别是无氧呼吸，避免其带来的不利影响。一般从两个方面削弱呼吸带来的影响：继续供给营养物质，同时降低呼吸强度，抑制呼吸作用的进行，但不能使其停止，否则切花寿命终止。

（二）呼吸消耗与呼吸热

呼吸消耗是切花采收之后，呼吸作用导致的干物质的净消耗（越少越好）。呼吸热指花卉产品在呼吸时释放的能量，其中，一部分用于保证切花自身的生命活动，而大部分则以热的形式释放到体外，放到体外的那部分热就是呼吸热。

由于呼吸热的释放，植物体本身成了一个发热体，导致周围环境温度升高，反过来又促进花材呼吸加强，加速贮存营养物质的消耗，释放更多呼吸热，不利于花卉产品的贮运与保鲜，所以在贮运中应尽可能降低呼吸速率，减少呼吸热的释放。另外，要注意贮运环境的通风散热性，避免环境温度升高。

（三）呼吸跃变

呼吸作用在整个生长发育的进程中并非全为稳定的。按照呼吸强度变化模式的不同，切花划分成非呼吸跃变型与呼吸跃变型两种。非跃变型切花如花烛，呼吸度在开花与衰老进程中均没有明显的变化。呼吸跃变型的切花，其呼吸作用随花朵的开放而渐渐增强，于盛开以前达到最高，后伴随花朵衰老的过程慢慢减弱。因此，呼吸跃变的出现象征着跃变型花朵的衰老。

1. 呼吸跃变的类型

Kidd 等（1922）研究苹果采后呼吸强度变化时发现，在不同温度条件下，采后呼吸强度都出现上升的现象，称为呼吸跃变（Respiratory Climactric）。

J. Biale（1960）总结了大量的研究结果，把果实划分为呼吸跃变型和非呼吸跃变型。

（1）跃变型（Climacteric Type） 如苹果、香蕉和番茄等，果实采收后经过一定的时间，呼吸强度开始升高，不久达到峰值，然后逐渐降低。

（2）非跃变型（Nonclimacteric Type） 如柑橘等，果实在整个成熟过程中呼吸强度一直呈减少趋势。

大量研究结果表明，切花的衰老与果实成熟类似，通常与乙烯的大量生成有关。事实上，有许多切花在开花衰老过程中，乙烯生产量的变化动态与呼吸强度的变化动态吻合。Halavey（1986）根据在开花和衰老进程中是否有大量乙烯的生成，将切花分为跃变型和非跃变型。

鲜花离开母体后，外部形态的变化和衰老是其体内一系列生理生化变化的结果。Coots（1975）发现，离体花从开放到凋萎表现出类似跃变型果实的呼吸程式。呼吸跃变是跃变型花朵走向衰老的标志。彭晓丽等（2007）以亚洲杂种系百合“Prato”为试材试验证明百合在瓶插过程中当日呼吸作用较弱，在花朵充分展开前迅速升高，并出现峰位，随后降低，呈典型的呼吸跃变型。切花采收后，不能进行光合作用，而呼吸作用却消耗大量的营养物质，导致切花衰老。伍培等（2010）试验证明，减压冷藏通过低压能有效地延缓呼吸、降低能量消耗，在长期贮藏中较普通冷藏能更明显地延长切花寿命（表 10-1）。

表 10-1　几种切花百合在瓶插期间呼吸速率比较*

种类	品种	呼吸速率/$\mu mol \cdot kg^{-1} \cdot s^{-1}$						
		1	2	3	4	5	6	7
亚洲百合	Cordelia	0.66	0.75	0.66	0.57	0.65	0.50	0.59
	Romano	0.63	0.64	0.57	0.59	0.66	0.58	0.73
	Apeldoorn	1.62	1.17	1.33	1.48	Nm	Nm	1.55
	Goldena	1.53	0.97	1.26	1.11	Nm	Nm	1.32
	Grand Paradiso	1.92	1.14	1.23	1.30	Nm	Nm	1.51
	Mona	1.38	0.94	1.03	1.03	Nm	Nm	1.09
	Nova Cento	0.65	0.57	0.55	0.54	0.67	0.63	0.69
东方百合	Cassandra	0.55	0.54	0.60	0.64	0.71	0.69	0.62
	Casablanca	0.78	0.79	0.89	0.98	1.00	1.07	1.12
	Slargazer	0.72	0.67	0.68	0.83	0.83	0.94	1.02
麝香百合	Gelria	0.51	0.52	0.60	0.50	0.66	0.51	0.66
	Princess Gracia	0.84	0.76	0.66	0.67	0.68	0.88	0.85

备注：① 瓶插温度 20 °C；② 瓶插 1 ~ 7 d；③ Nm 表示为未测出。
资料来源：H. J. Eglar，et al，1999。

（四）影响切花呼吸强度的因素

有自身与环境两方面。

1. 切花自身因素

以花叶为主要观赏器官的切花，呼吸是所有花卉产品中最为旺盛的，呼吸特点主要取决于不同种或品种的代谢特点及环境气体交换的难易，红掌表面有蜡质结构，气体交换不易，呼吸强度明显低于香石竹、月季等。根据采后呼吸的特征，把切花划成呼吸跃变型与非呼吸跃变型两类。切花采收的成熟度和呼吸强度相关联，收成熟度反映切花花蕾的发育情况，成熟度高的呼吸强度比较高，成熟度低的则相对较低。

2. 环境因素

温度是影响切花呼吸作用最重要的环境因素。在一定的温度范围之内，植物活性随着温度的升高而增强，呼吸强度也随之增大。温度若超过 35 °C，一方面是高温加速化学反应，一方面是过高温度引起酶变性，而抑制呼吸活性，因此植物在进入高温环境时，表现为初期增高，后降低直至为零。因此，须避免高温贮藏环境；反之，贮藏温度过低会引起呼吸代谢紊乱，致使切花产生冷害。

3. 环境气体

气体成分是影响呼吸作用的另外一个重要的因素。环境气体通常有 CO_2、O_2 与 C_2H_4 等成分。由呼吸作用的方程式 $C_6H_{12}O_6+6O_2 \longrightarrow 6CO_2+6H_2O+686\ kJ$ 可知，适当地减少环境中的 O_2，或者增加 CO_2 浓度，可以抑制呼吸作用。

4. 空气相对湿度

空气相对湿度是指一定温度下空气中的水蒸气压与该温度下饱和水蒸气压的百分比。空气相对湿度对呼吸的影响为，环境中空气相对湿度较低时，呼吸强度较小，但过度干燥引起切花失水，对贮藏是极为不利的，因此要避免湿度太小引起过量蒸发以及失水导致萎蔫。一般贮运环境保持 85%～95%的空气相对湿度，不同花材有差异。

5. 机械损伤和病虫害

机械损伤一般称为物理伤害，切花在栽培、采收、分级和包装等过程中都可能受到机械损伤。机械损伤对呼吸作用的影响因损伤程度的不同而异。轻微的机械损伤可以加速呼吸，随后便可以恢复正常。若受到重度的机械损伤，切花会表现出显著的伤害症状，导致呼吸明显地增强，且之后无法恢复正常，通常会对切花造成一定的危害。由重度机械损伤而导致的呼吸作用即伤呼吸。

病虫对切花造成的影响并不相同。虫害主要包括两个方面：一是导致开放性的伤口，与重度机械损伤相类似；二是昆虫自己分泌的物质对切花的危害，一般都会导致呼吸作用增强。病害也包括两个方面：一方面为专性寄生菌造成的影响，植物往往会因为抵抗专性寄生菌而增强呼吸作用，造成有毒物质的合成，于寄生菌四周出现坏死斑，致专性寄生菌不能继续滋生；另一方面为兼性寄生菌的影响，花通常会通过增加呼吸强度以进行毒素的分解，防御侵害。

三、碳水化合物及活性氧代谢与切花衰老

1. 碳水化合物与切花衰老的关系

表 10-2　百合花不同阶段的碳水化合物变化

阶段	总糖/%	还原糖/%	非还原糖/%	淀粉/%
0	43.6±2.3A	3.9±0.2B	41.7±0.4A	15.1±0.3A
1	29.5±1.9A	3.8±0.4B	35.7±1.9A	13.2±0.4B
2	27.7±1.8B	4.5±0.6B	23.2±1.7B	10.0±0.3C
3	20.0±1.8B	7.2±0.2A	22.9±0.7B	8.0±0.0D
4	23.5±1.0B	6.7±0.3A	16.7±1.2B	8.0±0.2D

备注：0—花朵无色；1—花朵浅橙色；2—花朵橙色；3—花朵开放；4—花朵衰老

夏晶晖（2009）研究结果表明：糖和蛋白质含量在衰老过程

中是逐渐减少的，其含量下降越快则表明其衰老越快，相反则表明切花衰老得越慢；8-HQ 和 CA 对延缓切花菊的衰老有明显作用，可延长其瓶插寿命，增加花枝鲜重，减缓花瓣组织中蛋白质和糖含量的分解速度，而且 3% Suc+ 100 mg · L^{-1} 8-HQ+ 200 mg · L^{-1} CA 保鲜效果最好，可使切花菊的瓶插寿命比对照延长 10d。

Locke（2010）对切花百合进行冷藏（3.3 °C）试验，结果表明 2 周后花瓣中的淀粉和叶片中的蔗糖减少，而花瓣中的蔗糖和果糖增加。

高勇（1990）实验证明在月季切花花瓣中，淀粉在插后 1 ~ 2 d 内迅速分解，之后维持较稳定的水平，可溶性糖含量在采后是逐渐下降的，还原性糖在瓶插前稍有增加，以后下降。姜微波等（1988，1989）认为切花体内含糖量的高低与切花品质密切相关，采收时含糖量越高，瓶插时观赏品质越好，贮后的观赏品质也与其含糖量呈正相关。

四、蛋白质含量与花瓣衰老

蛋白质降解是各种植物组织器官衰老过程中普遍存在的现象，朱诚等研究表明，可溶性蛋白质降解损失量占衰老过程中蛋白质降解损失总量的 90% ~ 95%，以往研究表明蛋白质降解是花衰老过程中发生的基本生化反应，蛋白质降解水平的一个重要指标就是可溶性蛋白质含量的变化。可溶性蛋白质含量一直是衡量植物衰老的一项重要的指标。蛋白质控制衰老有两方面的含义：一是降低蛋白质的周转，这是蛋白质合成机制老化的结果；二是蛋白质含量随着蛋白质的水解而降低。蛋白质水解产生了大量合成乙烯的前体物质——蛋氨酸，从而促进内源乙烯的合成，引起衰老。

姜微波等（1997）认为，蛋白质降解在乙烯诱导花瓣衰老的起始过程中不是主导因素，蛋白质降解不是花瓣衰老过程的起动因子，而是衰老过程中的继发事件。

1. 蛋白质组分变化与花瓣衰老的关系

在衰老过程中除了蛋白质的降解和合成外，各种蛋白质表达量的变化也是衰老的一个显著特点。Woodson 和 Handa 对朱槿花瓣不同衰老期的总可溶性蛋白质进行分析研究，结果显示随着花瓣衰老，分子量为 89、56、50、41 和 32 kD 的多肽水平下降，而分子量为 39、38 和 16 kD 的多肽水平则上升。王然等在研究月季花瓣衰老过程中可溶性蛋白变化时，把蛋白质的变化分为三种情况：第一种蛋白自始至终基本保持稳定；第二种蛋白随花瓣衰老逐渐减少；第三种蛋白随花的衰老而增加，特别是衰老后期增加更为明显，并认为后两种情况的蛋白变化可能与花瓣衰老有关。徐幸福等研究发现，桂花花瓣蛋白在衰老过程中也表现出类似的情况，即 39.8 kD、37.6 kD 多肽在花瓣衰老过程中始终处于较稳定水平；63.1 kD 多肽的变化表现了与衰老更为明显的一致性，表达水平与花瓣衰老程度成正相关，瓶插初期该蛋白条带在对照中没有出现，以后逐渐增强。对切花进行乙烯和 ABA 处理后，明显促进了花的衰老，63.1 kD 蛋白条带提前出现，表达高峰也较对照提前，表明该蛋白为一种与衰老相关的蛋白，这也表明了花瓣衰老过程中存在新蛋白质的合成。

周相娟等（2002）从香菜叶片中鉴定出一种分子量约为 63 ku 的、与衰老相关的蛋白酶，其活性上升与叶片中蛋白含量下降呈正相关。赤霉素处理抑制其活性，乙烯处理促进其活性，研究还进一步证明其属于丝氨酸类型的蛋白酶。用保鲜剂处理可阻断蛋白质降解，从而延缓花的衰老，说明蛋白质水平与切花衰老密切相关。

五、活性氧代谢与切花衰老的关系

切花衰老与活性氧代谢平衡密切相关，这个平衡即活性氧物质与清除的动态平衡。活性氧物质导致的膜脂过氧化对细胞膜具有严重的伤害作用，导致衰老。

植物中活性氧物质主要包括 H_2O_2、羟自由基（·OH）和超氧自由基（O_2^-）。丙二醛是膜脂过氧化的重要产物，能直接对细胞产生毒害作用。

活性氧清除系统包括超氧化物歧化酶（SOD）、过氧化氢酶（CAT）、过氧化物酶（POD）等。

夏晶晖（2010）认为，在桃花采后生理代谢过程中，丙二醛是细胞膜脂过氧化作用产物之一，其产生能加剧膜损伤，促进花朵脱落衰老，因此其含量越高说明花朵衰老越快。

刘雅莉和王飞（2000）在对百合的研究中发现，MDA（丙二醛）是由膜质中不饱和脂肪酸发生膜质过氧化作用而产生的，随着鲜花衰老，超氧自由基含量增加，导致氧化产物 MDA 的增加。由于 MDA 含量的增多，导致膜的渗漏，从而加速了衰老进程。由此可见，在衰老过程中 SOD 的活性下降，POD 的活性上升，使得自由基的产生和消除之间的平衡遭到破坏，超氧自由基的积累引发膜质过氧化作用。MDA 的含量增加，膜的结构破坏受损，膜的透性加大，最终导致了代谢的失调，鲜花衰老。

张洁等（2009）用含赤霉素的预处理液处理百合切花，延长了其瓶插寿命，增加了花枝鲜重、花瓣中可溶性蛋白质的含量和保护酶活性，减少了花瓣中丙二醛（MDA）的积累，维持膜结构的相对稳定性，并对百合切花叶片有较好的保绿效果。

刘晓辉等（2011）研究测定分析了百合和康乃馨切花花瓣中 POD、SOD、CAT 3 种主要保护酶的活性及切花的鲜重率，结果表明：百合花瓣中的 POD 低于康乃馨，二者的 SOD 相近，百合花瓣的 CAT 高于康乃馨。

六、内源激素与切花衰老

植物各细胞、器官和组织间必须进行及时有效的信息交流，植物激素就是担负着重要信息交流任务的化学信使之一（武维华，2003）。目前已知五大类植物激素是生长素（AUX）、赤霉素（GA）、细胞分裂素（CTK）、脱落酸（ABA）和乙烯（ETH）。20 世纪 70 年代发现的油菜素内酯（BR）则被称为植物的第六类激素。此外还发现了其他许多具有显著生理调节活性的植物内源物质，如三十烷醇（TRIA）、茉莉酸（JA）、多胺（PA）、水杨酸（SA）等。

1. 乙　烯

自 19 世纪一位美籍波兰园艺工人从萎蔫的康乃馨中发现乙烯对切花衰老的影响以来，人们对乙烯做了大量的实验和研究工作，结果表明，切花衰老与乙烯的大量生产有关（夏晶晖，吴中军，1998）。目前研究表明，乙烯的合成途径为：MET（蛋氨酸）→SAM（S-腺苷蛋氨酸）→ACC（1-氨基环丙烷羧酸）→ETH（乙烯）→生理作用（导致衰老）。

大量的研究表明切花的衰老通常与乙烯的大量生成有关。通常根据切花在开花和衰老进程中花瓣乙烯的大量生成与否，将切花划分为跃变型切花、非跃变型切花以及末期上升型切花三大类。同时又根据各种切花对乙烯的敏感性，把切花分为乙烯敏感性切花和乙烯不敏感性切花，通常多数跃变型切花对乙烯敏感性比较强，而非跃变型切花对乙烯敏感性比较弱，香石竹、满天星、月季等对乙烯比较敏感，而百合、唐营蒲和菊花等对乙烯不敏感，

但同一种植物的不同品种也存在敏感性上的差异。

切花寿命是切花采后的重要特性。切花百合的采后寿命一般为 5 ~ 14 d，当然由于品种、采后处理不同而异。对于许多切花（如康乃馨和玫瑰等），采后寿命明显地由于环境中存在乙烯而缩短，乙烯的生成加速了花的衰老而导致花瓣的萎蔫。相反，切花百合在衰老和凋萎过程中，其乙烯的产生量很低（Woltering and van Doorn，1988）。Elgar（1999）研究认为，绝大多数东方百合和麝香百合品种对乙烯不敏感，一些亚洲杂种系表现出轻微的反应，甚至只有当花瓣萎蔫时才发现乙烯存在，测定了亚洲百合（Prato 和 Cordelia）发芽和开花时乙烯的生产，表明乙烯的生产量接近或低于检测限（表 10-3）。

表 10-3　几种切花百合在瓶插期间乙烯生产比较*

种类	品种	乙烯生产速率/pmol · kg^{-1} · s^{-1}						
		1	2	3	4	5	6	7
亚洲百合	Cordelia	1.3	0.5	1.4	0.9	1.1	0.6	0.0
	Romano	1.4	0.5	1.7	2.2	4.1	3.8	7.8
	Apeldoorn	3.8	4.3	16.3	12.8	Nm	Nm	31.1
	Goldena	3.5	2.9	1.5	0.0	Nm	Nm	2.1
	Grand Paradiso	5.3	2.0	1.6	0.5	Nm	Nm	5.1
	Mona	2.3	4.2	7.9	11.8	Nm	Nm	12.4
	Nova Cento	1.0	2.4	2.7	4.5	7.0	5.2	2.6
东方百合	Cassandra	0.1	0.3	0.1	0.3	0.7	0.1	0.2
	Casablanca	0.0	0.7	0.6	0.6	1.2	2.0	0.1
	Slargazer	0.4	0.0	0.6	0.4	0.1	0.4	0.0
麝香百合	Gelria	0.8	0.4	1.2	0.3	0.3	0.0	0.0
	Princess Gracia	0.2	0.0	1.6	0.6	0.3	2.6	1.8

备注：① 瓶插温度 20 °C；② 瓶插 1 ~ 7 d；③ Nm 表示为未测出。
资料来源：H. J. Eglar，et al，1999。

Han and Miller（2003）测定了在 3.3 °C 贮藏 2 周后切花百合（品种为 Star Gazer）的叶片和花中的乙烯，叶片中乙烯的生产高于花中乙烯的生产。

Woltering and van Doorn（1988）研究表明，在外源乙烯（3 μL · L^{-1}，24 h，20 °C）条件下切花百合的花朵表现出很低的乙烯含量。Han and Miller（2003）对东方百合（Star Gazer）切花在 10 μL · L^{-1} 外源乙烯处理 24 h 后，花朵也表现出很低的乙烯含量，而且并未影响百合的瓶插寿命。

乙烯抑制剂 STS 对切花百合的瓶插寿命有轻微的延长，不管是亚洲百合还是东方系列（Lee and Suh，1996）。Han and Miller（2003）报道，STS 和 1-MCP 对贮藏在室温条件下的东方系列切花百合（Star Gazer）的瓶插寿命没有影响。

当然，也有一些文献报道认为，乙烯可缩短切花百合的寿命（Nowak and Mynett，1985；van der Meulen-Muisers and van Oeveren，1990；Jones and Moody，1993）。刘雅莉和王飞（2000）研究发现，百合“精粹”（*“Elite”*）的乙烯释放量和呼吸强度变化趋势基本一致，属于乙烯末期上升型切花。

2. 赤霉素和细胞分裂素

内源 GA 在衰老过程中的作用分为延缓衰老和无直接效果两种。现已发现香石竹切花花瓣的衰老与内源 GA 下降有关，及时给予外源 GA_3 可补充其不足而延迟花瓣的衰老。但也有学者指出 GA 或与延缓衰老无密切相关性，外源 GA 对牡丹切花衰老后期内源激素消长及其切花衰老影响不大。

夏晶晖（2005）用 30 g · L^{-1} Suc+400 mg · L^{-1} 8-HQC+200 mg · L^{-1} GA_3 对东方百合品种“阿卡普克”（*“Acapulco”*）延缓衰老效果最佳。汤青川（2005）对“西伯利亚”（*“Siberia”*）进

行保鲜研究提出，3%蔗糖+130 mg · L^{-1} 8-HQC+0.463 mmol · L^{-1} STS+1 mg · L^{-1} GA_3 的瓶插液使切花瓶插寿命延长了 1.2 ~ 5.2 d，并且有促进花苞增长、延缓叶片衰老的作用。

Staden（1976；van Doorn and Woltering，1991）发现，在瓶插液中赤霉素（GA_3）和细胞分裂素组合能避免或延缓切花百合花叶片的黄化。Song（1996）在 Cordelia 和 Avignon 两个亚洲百合品种瓶插试验表明，3%蔗糖+200 g · L^{-1} HQC+500× 10^{-6} GA_3 的瓶插液，阻止了叶片的黄化。

Han（2001）研究发现，在切花百合冷藏前喷布含有 GA_{4+7} 或 GA_{4+7} 与下基腺嘌呤混合液，几乎可以完全避免其叶片的黄化。

宋丽莉和彭永宏（2004）研究表明，冷藏前用 200 mg ·L^{-1} GA_3 处理具有延缓切花衰老的作用。耿兴敏等（2010）报道，适当浓度的 6-BA 脉冲处理有显著的叶片保绿效果，且 200 mg · L^{-1} 处理的保绿效果最为显著，但对百合切花花苞直径的增长、花色鲜艳程度等指标的影响并不显著，并且在浓度较高时还有一定的抑制作用。蒋倩（2009）实验表明，5% Suc+50 mg ·L^{-1} 8-HQ+150 mg ·L^{-1} CA+10 mg · L^{-1} 6-BA 的瓶插液为东方百合切花的最佳保鲜剂。

含有 6-BA 与 GA 的复合保鲜剂在切花百合上的保鲜效果及生理效应已有报道。刘丽等（2009）试验指出，2%蔗糖+200 mg ·L^{-1} 8-HQ+300 mg · L^{-1} CA+90 mg · L^{-1} 6-BA+100 mg · L^{-1} GA_3 处理保鲜效果最好，6-BA 与 GA 进行配合，可显著延长百合切花的瓶插寿命，同时还具有增加花枝鲜重、增大花径、维持细胞膜结构的稳定性，以及延缓叶绿素的降解等生理效应。杨秋生、黄晓书（1996）在百合切花衰老进程中激素含量变化的研究结果表明：百合切花 ABA/IAA 和 ABA/GA 比值的大小与花朵发育和衰老时间比较吻合，IAA 和 GA 在激素平衡中起一定的作用，但对细胞分裂素的作用及含量变化却未涉及。

3. 脱落酸

杨秋生、黄晓书（1996）研究表明，脱落酸可能是影响百合切花衰老的主要因子，因为百合切花 ABA 含量与花朵发育、衰老时间吻合，ABA 出现高峰后，花朵很快表现出衰老症状。很多研究证明切花衰老过程中，花瓣组织内 ABA 的浓度提高，微体膜滞性增加。ABA 能加速切花衰老，刺激乙烯的生成，增加切花对乙烯的敏感性，其含量一般随切花衰老而上升（高勇和吴绍锦，1988；Song，1996）。

Laia Arrom 和 Sergi Munne-Bosch（2012）报道，ABA 在调节切花百合叶片衰老中起着主要作用，黑暗调节会增加 ABA 的水平并加速百合叶片衰老。

七、小　结

植物衰老是一个器官或整个植株生命功能的衰退并最终导致自然死亡的一系列变化过程，花朵或植株其他器官的衰老主要受遗传基因的支配，同时也受营养、水分、光合温度等环境因子的影响。切花百合在衰老过程中与一系列的生理生化变化有关，主要包括以下几个方面。

（1）水分平衡失调。当花枝吸水量大于或等于失水量的时候，花枝才能保持较好的新鲜度和挺拔度。

（2）营养物质亏缺。切花百合离开母体后，由于呼吸作用的原因，糖、蛋白质的含量不断下降，造成衰老加速，因此，在瓶插液中加入适量的糖可以延缓其衰老。

（3）抗氧化系统的变化。在花瓣衰老进程中，自由基起到了重要的作用。自由基可以对细胞组分产生直接的作用，也可通过促使蛋白酶降解或促进 ACC 向乙烯转化的调节而产生间接作用。

（4）内源激素代谢紊乱。切花所含的内源激素种类、水平和消长变化，与衰老的关系都很密切。

切花的 GA_3 含量一般随瓶插时间的延长而下降。切花内源 GA_3 合成发生在花发育早期，但完全开放之前 GA_3 含量就开始下降。如果在其下降的这段时间外施 GA_3，就可延缓花的衰老。有研究表明内源 GA_3 下降可能是衰老的启动因子。

很多研究认为，GA_3 对切花的保绿作用主要表现在：GA_3 能降低叶绿体中的丙二醛含量以及叶绿体膜透性，从而防止叶绿素降解酶与叶绿素在空间上隔离的破坏，阻止了叶绿素的降解（李永红等，2001；何生根和冯常虎，2000）。

通过乙烯抑制剂来处理百合切花，降低盛花期乙烯释放量或呼吸强度，均能达到控制（延缓或促进）百合开花、延长瓶插寿命、提高开花质量的目的。许多研究表明 CTK 对 ABA 有拮抗作用，抑制植物衰老效应，如张微等（1991）研究分析认为月季、玫瑰、兰花等花卉的衰老与 CTK/ABA 比值有关，比值高，切花衰老延迟；比值低，衰老快，即长寿花 CTK/ABA 高，短寿花 CTK/ABA 低。鲜切花衰老时 ABA 大量产生，高水平的 CTK 能抑制 ABA，阻断乙烯生成，改善鲜切花品质，从而达到延缓衰老进程的作用（高俊平，1995）。

目前还不能断定切花的衰老是由 ABA 诱导引起的，或由 ABA 诱导乙烯生成而引起的，或二者共同作用的结果。

当然，外部环境因子如温度、湿度、瓶插液中的 pH 值和微生物等，都会不同程度地影响切花百合衰老的进程。另外，目前对控制切花百合衰老基因的研究还比较少，应该加强该领域的探讨。

第四节 花朵衰老的基因调控

一、植物开花的程序化死亡

程序性死亡或细胞凋亡（Programmed Cell Death，PCD）是多细胞生物体中一些细胞所采取的一种由自身基因调控的主动死亡方式。PCD 作为生物体内广泛存在的一种机体自我调整机制，是生命活动的一个重要组成部分。

1. 生殖的程序化死亡

程序化死亡从花发生起到胚胎发育完成，整朵花除卵细胞受精后发育成胚外，其他细胞几乎都在不同阶段发生 PCD，从而在营养及空间位置等许多方面保证了受精卵发育成胚。在烟草花粉管萌发过程中，细胞败坏仅局限于雌蕊中的引导组织，引导组织附近的其他皮层组织仍保持完整状态，表明引导组织的细胞死亡似乎是与花粉管伸长有关的一个主动过程，乙烯参与了此过程，死亡的引导组织中 RNA 的大小及稳定性都发生了较大的变化，这些死亡细胞可能为正生长的花粉管提供营养，也可能为花粉管提供空间。在大多数单性花的植物中，最初都含有原始的雄蕊群和雌蕊群，但由于其中的一个在成熟之前发生了发育停滞和退化，最终形成了单性花。

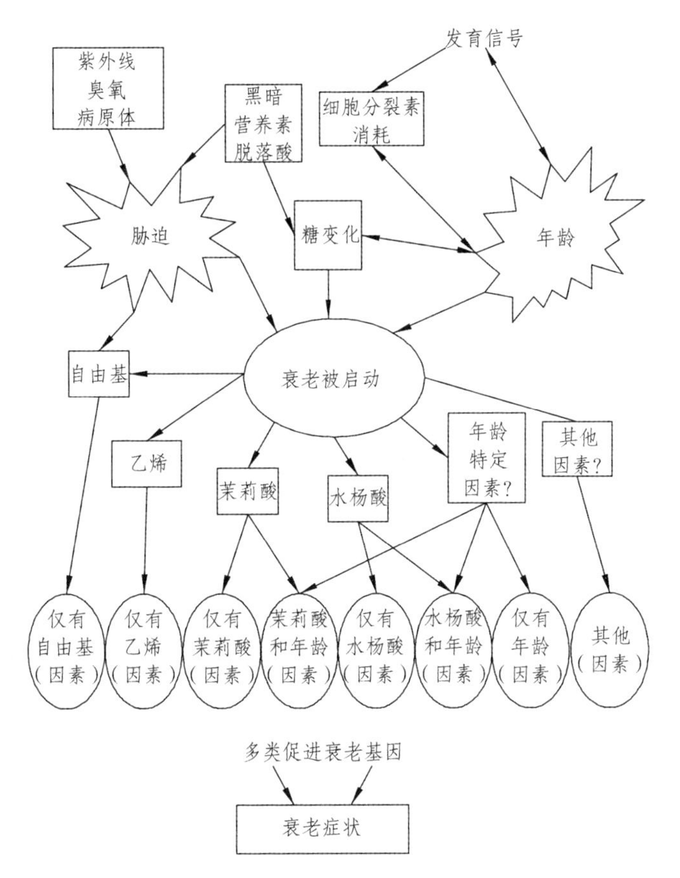

图 10-4　衰老过程中基因表达的通用网络模型

引自：Buchanan-Wollaston et al，2003。

2. 衰老的程序化死亡

植物在长期进化和适应环境的基础上有选择性地使某些细胞、组织和器官有序死亡，是其生长发育生存的一个主要特征。植物衰老是在植物生长发育的最后阶段导致许多细胞与器官自然程序化死亡、主动的生理过程，是一个由基因控制的细胞死亡过程。在拟南芥和番茄中发现衰老相关基因编码半胱氨酸蛋白酶，这些植物蛋白酶类似于动物 PCD 过程中出现的 ICE 族蛋白酶，推测它们在植物衰老的 PCD 中起一定作用。在衰老的豌豆心皮和叶片中已检测到核酸酶积累和寡聚核小体片段，为植物衰老与 PCD 之间的关系提供了新的证据。传粉诱导的矮牵牛花瓣衰老过程中，DNase 和 RNase 活性增强，Ca^{2+}螯合剂 EDTA 减弱 DNase 和 RNase 活性，并有片段 DNA 出现，表明植物衰老与 PCD 密切相关。

二、花朵衰老相关的基因

许多与衰老相关的基因已从各花卉中分离出来，这些基因展现出乙烯敏感型、乙烯不敏感型以及中间型 3 种特性（Lawton et al，1990；Hunter et al，2002；van Doorn et al，2003；Breeze et al，2004；Hoeberichts et al，2007；Xu et al，2007a）。例如，从水仙、六出花、鸢尾和紫茉莉等花卉中已经鉴定和分离了大量与花衰老有关的基因（Channelière et al，2002；Hunter et al，2002；van Doorn et al，2003；Breeze et al，2004；Xu et al，2007a），这些基因在衰老阶段显著诱导或下调。这些受花瓣衰老显著上调的基因主要与营养物的重新分布有关，包括蛋白酶，核酸酶，脂肪酶和转运蛋白（Hong et al，2000；Wagstaff et al，2002；Langston et al，2005；Price et al，2008）。表 10-4 中提供了从各种花系统分离的一些重要基因或转录因子的概述。已发现这些基因的表达模式在时空均受到调节。通过拟南芥 *APETALA3* 基因（*jD10*）的玫瑰同源基因和芸薹属 *P8* 基因的玫瑰同源基因的表达模式研究证明了空间调节模式的存在，其表达在花瓣和雄蕊中比其他花器官具有更高的表达丰度。对应于两个假定的转录因子基因（*eG04* 和 *lD10*）的转录本表现出受花瓣衰老的时间调控，这些转录因子被发现在衰老

的花中大量表达。由编码锌指蛋白-LSD1（*BoLSD1*，*BoLSD2*）、Bax 抑制剂（*BoBI-1*，*BoBI-2*）和丝氨酸棕榈酰转移酶（*BoSPT1* 和 *BoSPT2*）的转录本也被发现表现出相似的表达模式；其中，在花椰菜的花衰老期间，丝氨酸棕榈酰转移酶的 mRNAs 被发现显著增加（Coupe et al，2004）。据报道，西兰花 LSD cDNAs（*BoLSD1* 和 *BoLSD2*）编码 193 个氨基酸长，蛋白分子量分别为 20.3 kDa 和 20.5 kDa，然而 *BoBI-1* 和 *BoBI-2* 分别编码 247 个与 246 氨基酸，其分子量分别为 27.5 kDa 和 27.3 kDa。在结构上，*BoBI-1* 和 BoBI-2 蛋白都含有 6 个膜跨结构域，推测 BI 蛋白中的 6 个跨膜结构域可能形成与线粒体膜形成孔 Bcl-2 和 Bax 蛋白类似传导通道（Lam et al，2001）。Bax 抑制剂-1（*BI-1*）认为是植物和哺乳动物间最保守的细胞死亡抑制因子（Hückelhoven，2004；Watanabe and Lam，2009）。内质网（ER）常驻跨膜蛋白分子量通常在 25 ~ 27 kDa，其 C 端往往具有疏水残基，与多个配偶体相互作用，以改变细胞内 Ca^{2+}流动和脂质动力。与哺乳动物 *BI-1* 基因功能类似，植物 BI-1 基因被发现在各组织中如，叶，根，茎，花，果实等均有表达，其表达水平受衰老增强；并且在胁迫条件下，表明 *BI-1* 功能与细胞死亡控制相关（Ishikawa et al，2011）。*BoSPT1* 基因全长 603 bp，编码 121 个氨基酸；而 *BoSPT2* 全长 573 bp，编码 103 个氨基酸。Yamada 等（2007）从牵牛花的花瓣中分离出几个与衰老相关基因（SAGs），其中包括两个细胞壁相关基因，一个编码扩展蛋白和一个咖啡酰 1-CoA-3-O-甲基转移酶基因。

表 10-4　花朵衰老相关基因

种　类	基因/转录/互补脱氧核糖核酸分离	可能的生物学功能	参考文献
现代月季	*EF1α*（延伸因子 1α），编码金属硫蛋白的基因，一种受体激酶，转录因子（*eG04 和 lD10*），GAPDH；（甘油醛-3-磷酸脱氢酶），拟南芥 *APETALA3* 基因 *jDIO* 的玫瑰同系物，十字花科植物 P8 基因的玫瑰同系物	蛋白质和脂质代谢（蛋白质合成），防御/胁迫信号转导，转录，次级代谢（气味产生），在程序性细胞死亡或凋亡和花器官识别中的信号作用（花瓣）	Channeliere et al（2002）
水仙花	编码丝氨酸和半胱氨酸蛋白酶的基因	蛋白质水解和再活化	Hunter and Reid（2001），Hunter et al（2002）
鸢尾	编码 Grap 2 和 Cyclin D 相互作用蛋白的序列，一个 MADS 域转录因子，一个酪蛋白激酶和一个核苷酸门控的离子通道相互作用蛋白	鸢尾花衰老调控	Van Doorn et al（2003）
紫茉莉	一系列转录因子的同源性（环锌指蛋白）和蛋白酶（上调基因） *CCA1*（在拟南芥中发现的一种"时钟基因"）、*Xa21* 受体蛋白激酶和天冬氨酸蛋白酶的同源基因。（表达下调的基因）	蛋白质的翻转、降解和转录调控	Xu et al（2007）
六出花	与衰老相关的阿尔斯特罗默氏防御者 *I*（ALSDADI）的部分 cDNA	调控花的衰老	Wagstaff et al（2003）

续表

种类	基因/转录/互补脱氧核糖核酸分离	可能的生物学功能	参考文献
西兰花	环锌指蛋白-*LSD1*（病变模拟疾病：*BoLSD1*，*BoLSD2*），Bax 抑制剂（*BoBI-1*，*BoBI-2*）和丝氨酸棕榈酰转移酶（*BoSPT1* 和 *BoSPT2*）	抑制细胞死亡 鞘磷脂信号通路的调控 改变细胞内 Ca^{2+} 通量控制和脂质动力学细胞死亡控制和/或胁迫管理	Coupe et al（2004）
牵牛花	两个细胞壁相关基因（一个编码一种延伸蛋白，另一个编码一种咖啡酰辅酶 a -3-O-甲基转移酶），一个果胶乙酰化酶，与乙醇脱氢酶和三个半胱氨酸蛋白酶同源的基因，一个富含亮氨酸的重复受体蛋白激酶和一个 14-3-3 蛋白（一种蛋白激酶）。编码假定的 *SEC14* 和 ataxin-2 的基因	生长和抗病反应 木质素的产生 细胞壁降解 必需营养素的再分配 信号转导 高尔基体小泡运输	Yamada et al（2007）
牵牛花	与动物 PCD 基因同源的基因（Bax 抑制剂-1（*BI-1*），空泡处理酶（VPE：与 caspases 同源）和单脱氢抗 corbate 还原酶[MDAR：与凋亡诱导因子（AIF）同源，空泡蛋白分选 34（*VPS34*）和拟南芥自噬相关的 4b 和 8a（*ATG4b* 和 *ATG8a*）]	抑制细胞死亡 空泡的自噬 蛋白质周转	Yamada et al（2009）

此外，Yamada 等（2009）也从牵牛花的衰老花瓣中发现了与动物 PCD 相关基因的同源基因，其中包括 Bax 抑制剂-1（*BI-1*），一个液泡加工酶（VPE：与胱天冬酶同源）和单脱氢抗坏血酸还原酶。此外，微阵列筛选分析发现，一些与逆境相关基因在花瓣衰老过程中也被上调，包括金属硫蛋白、脱落酸反应基因和谷胱甘肽- S-转移酶（Meyer et al，1991；Channelière et al，2002；Breeze et al，2004；Price et al，2008）。在牵牛花瓣中上调的基因中，40%编码几丁质酶，23%编码 GST，9%参与活性氧（ROS）反应，9%参与信号转导，6%参与再生/代谢，2%参与转录调节中，2%参与金属结合，另外 9%的功能未知（Price et al，2008）。牵牛花发现的 GST 基因中，有两个基因与拟南芥的 AtGSTF2 和 AtGSTF3 相似最高。AtGSTF2 和 AtGSTF3 的启动子中含有乙烯响应增强子顺式作用元件这两个基因均来自拟南芥的 phi（φ）类 GST 的成员（Wagner et al，2002），推测具有谷胱甘肽过氧化物酶活性推测可能在保护衰老细胞免受脂质氢过氧化物影响发挥重要作用。在六出花衰老过程中发现，脱水引起的基因，其表达模式与衰老过程中相类似，而与冷胁迫应答模式有所不同（Wagstaff et al，2010）。

综上所述，在花瓣衰老期间上调的基因主要包括营养物质再活化具有（如蛋白酶，核酸酶，脂肪酶和转运蛋白），调节调节基因（NAC 结构域转录因子，锌蛋白），应激相关基因（金属硫蛋白，脱落酸反应基因，谷胱甘肽-S-转移酶），信号转导基因（各类蛋白激酶：Xa21 受体样蛋白激酶，酪蛋白激酶，富含亮氨酸的受体激酶，14-3-3 蛋白激酶），不同类型蛋白酶的基因（半胱氨酸蛋白酶，丝氨酸蛋白酶，天冬氨酸蛋白酶），26S-蛋白酶机制基因（参与 26S 蛋白酶体蛋白质泛素化），细胞壁降解基因（果胶乙酰转移酶），Bax 抑制剂基因，编码液泡加工酶（VPE）的基因以及 RNA 代谢相关的基因（Ataxin-2）有关；相反，被衰老显著下调的基因

包括编码 MADS 结构域转录因子的基因，MYB 转录因子，赤霉素诱导的蛋白，细胞色素 P450，“时钟基因”（CCA1）的同源物，天冬氨酸蛋白酶（在衰老的 Mirabilis 花中）和抗凋亡死亡的防御者（ALSDAD1）。因此表明，花衰老的机制涉及各类基因的相互作用，这些基因受时空调节。下面分别讨论花朵衰老的各类基因。

1. 参与细胞壁扩展和脱落的基因

细胞壁扩展基因被认为是植物细胞增殖的主要调节剂。例如，位于细胞壁的扩展蛋白，通过改变纤维素微纤维间的非共价，在植物细胞壁起作用（Cosgrove，1999a，b，2000b）。康乃馨花中与衰老相关基因，至少划分为三种转录物，其中一类与拟南芥 thali-anaβ-木糖苷酶基因同源性最高（Goujon et al，2003），另外两类属于扩展蛋白同源转基因（Cosgrove，2000a）。对康乃馨花瓣中两个扩展蛋白基因（DcExp1 和 DcExp2；同源性 76%）的表达谱研究发现（Song et al，2007），DcExp2 在早期花发育过程中的表达，而 DcExp1 基因在花发育进过程中均无表达，因此，推测 DcExp2 可能与康乃馨花衰老进程相关。Yamada 等（2007）对牵牛花研究也发现了，一个假定的伸展蛋白类蛋白基因 In07。

据报道（Azeez et al，2010），唐菖蒲中的赤霉素酸响应基因 GgEXPA1 在雄蕊突起、雌蕊群以及扩展中的叶片与花被扩张和细胞伸长期间表达显著，但在已经完成扩张停止的组织中未检出到表达。最近，克隆到了 4 个编码木葡聚糖内转葡糖基酶/水解酶（XTH）（*DcXTH1-DcXTH4*）的 cDNA 和 3 个编码扩展蛋白基因的 cDNA（*DcEXPA1-DcEXPA3*），并从开放的康乃馨花瓣中鉴定了两个 XTH 基因（*DcXTH2* 和 *DcXTH3*）。另外，研究发现两种扩张蛋白基因（*DcEXPA1* 和 *DcEXPA2*）与花开放期间的花瓣生长和发育有关（Harada et al，2011b）。此外，Hajizadeh 等（2011）对两个玫瑰品种“Black magic”和“Maroussia”五种转录物（*RhCG1*，*RhCG2*，*RhCG4*，*RhCG6* 和 *RHAG1*）进行了分析，同时发现编码细胞壁扩增和衰老过程中降解产物的转录物的存在，例如，与苹果 β-半乳糖苷酶蛋白基因具有 65%的序列相似性的 *RhCG6*。van Doorn 等（2003），O'Donoghue 等（2009）报道，在鸢尾和矮牵牛花瓣衰老期间半乳糖苷酶转录物丰度增加，该基因编码细胞壁降解酶。同样地，与矮牵牛阿拉伯半乳聚糖蛋白具有 30%的相似性的 *RhAG1* 基因也被发现，某些 AGPs 具有细胞扩增，种子萌发，体外根再生，以及对脱落酸的响应。

除参与细胞扩增的基因外，还鉴定到了许多涉及花脱落的转录本或基因，例如，从现代月季 *Rosa hybrida* 中分离出五种乙烯特异响应 cDNA，属于乙烯诱导漆酶基因（*RhLAC* 基因）的同源 cDNA。该基因编码 573 个推定的氨基酸，其含有多铜氧化酶家族特有的保守结构域；且在叶柄的叶片脱落区和芽脱落区中具有高表达丰度，表明 *RhLAC* 可能在玫瑰衰老和脱落中起重要作用（Ahmadi et al，2008）。类似地，波罗莎红（Rosa bourboniana）中的 2 个 XTH 基因（*RbXTH1* 和 *RbXTH2*；具有 52%氨基酸同源性和催化保守位点）的表达与花瓣脱落有关，这些基因的转录受乙烯调节此外，这些基因的表达与花瓣脱落区中木葡聚糖内转葡糖基酶（XET）作用相关，从而加速脱落（Singh et al，2011）。此外，*RbXTH1* 的启动子揭示了顺式元件 ATTTCAAA、存在于番茄的乙烯响应 E4 基因、康乃馨乙烯响应 GST1 基因和玫瑰半胱氨酸蛋白酶启动子的存在（Montgomery et al，1993；Itzhaki et al，1994；Tripathi et al，2009）。然而，尚未发现 *RbXTH2* 含有任何已知的乙烯响应元件，表明 *RbXTH2* 的乙烯响应可能受除 GCC 和 ATTTCAAA 以外的顺式元件调控。在拟南芥中，在离层中具有高表达丰度的 BOP（*BLADE-ON-PETIOLE2*）基因在花脱落中发挥了重要作用。

据报道，烟草的 BOP 同源基因基因 *NtBOP2*，其主要在花冠的基部表达且不是乙烯诱导，沉默该基因导致花冠脱落显著延迟（Wu et al，2012）。

综上所述，尽管扩张基因的表达在衰老阶段显著下降，但它们对于不同花组织中正常发育进程的具有重要调节作用，最终影响花朵衰老进程。此外，XTH 基因具有多功能的作用，它们不仅参与细胞壁扩张，还影响花瓣的脱落。

2. 编码半胱氨酸蛋白酶和泛素的基因

蛋白质的降解是衰老或 PCD 的标志之一，它被由多种蛋白酶和泛素介导的蛋白酶体所调节。在这些蛋白酶中，半胱氨酸蛋白酶被认为介导了基本营养回流，且其表达量受衰老显著诱导。因此，一些半胱氨酸蛋白酶基因被作为衰老的发育 marker 基因（表 10-5），例如拟南芥中的 SAG12、甘蓝型油菜中的 *BnSAG12-1* 和 *BnSAG12-2* 以及矮牵牛的 *PhCP10* 等（Noh and Amasino，1999；Jones et al，2005）。在大多数花系统中，半胱氨酸蛋白酶基因的表达均受衰老上调，除了来自 *P. hybrida* 的三种基因（*PhCP4*，*PhCP6* 和 *PhCP7*）被下调，它们主要在蛋白质从头合成中发挥作用（Jones et al，2005）。此外，一个具有半胱氨酸蛋白酶的 CysEP 同源性的蓖麻子 *PhCP6* 基因，定位于膜结合细胞器，称为蓖麻毒素，参与 PCD 进程（Schmid et al，1998，2001）。据报道，玫瑰花瓣 *RbCP1* 基因，编码 357 个氨基酸的半胱氨酸蛋白酶，其蛋白分子量为 37 kDa，具有典型的木瓜蛋白酶类蛋白酶特征 CIA 肽酶结构域和 ERFNIN motif（Tripathi et al，2009）。类似地，在康乃馨中，发现一种鉴定出与烟草液泡加工酶（VPE：与衰老和病毒诱导的过敏性细胞死亡相关的半胱天冬酶样蛋白）具有同源性的半胱氨酸蛋白酶基因（Hatsugai et al，2006；Hoeberichts et al，

2007）。然而，在衰老的紫茉莉花中并未分离到半胱氨酸蛋白酶基因（Xu et al，2007a）。

表 10-5　半胱胺蛋白酶编码基因

种　类	基因/转录/互补脱氧核糖核酸分离	可能的生物学功能	参考文献
石竹	*pDcCP1*	从花瓣到发育中的子房的营养物质再流动	Jones et al（1995）
萱草	*SEN10*	可溶性蛋白水解（花瓣 PCD）	Valpuesta et al（1995）
西兰花	*BoCP2*	脱水反应和采后蛋白质降解	Guerrero et al（1998）
拟南芥	*SAG12*	衰老的发育标志	Noh and Amasino（1999）
欧洲油菜	*BnSAG12-1* 和 *BnSAG12-2*	衰老的发育标志	Noh and Amasino（1999）
宫灯百合	*PRT22*	蛋白质降解	Eason et al（2002）
水仙	*DAFSAG2*	衰老后期蛋白质水解和再活化	Hunter et al（2002）
六出花	*ALSCYP1*	蛋白质水解	Wagstaff et al（2002）
矮牵牛	*PhCP2-PhCP10*	蛋白质水解和再活化	Jones et al（2005）
番薯	*In15* 和 *In21*	衰老特殊蛋白质水解	Yamada et al（2007）
现代月季	*RbCP1*	花瓣脱落和蛋白质水解	Tripathi et al（2009）

除半胱氨酸内肽酶外，还从各种花系统中鉴定出了许多编码参与蛋白降解的泛素基因。例如六出花的泛素基因 *ALSUQ1*，这

是一种编码多聚泛素的基因（泛素途径中的必需元素）；*M. jalapa* 中编码 26S 蛋白酶体成分的基因同源的转录本 *RPT6*、*RPN2*；以及一个锌指蛋白（Wagstaff et al，2002；Hoeberichts et al，2007；Xu et al，2007a）。从衰老的 *M. jalapa* 花中鉴定到 1 个环锌指蛋白锚蛋白基因 *MjXB3*，与拟南芥和大豆的 *XBAT31* 和 *XBAT32* 具有高度同源。虽然 *XBAT31* 的作用尚未明确，但在根皮层细胞中表达的 *XBAT32* 可能在发育诱导的 PCD 中发挥重要作用，且参与了乙烯合成/信号传导（Kosslak et al，1997；Nodzon et al，2004；Xu et al，2007b；Prasad and Stone，2010）。据报道，一些具有锚蛋白重复 RING 结构域的蛋白质也含有泛素连接酶活性，且与 E3 型结合蛋白/泛素连接酶具有高度同源性，其通过泛素途径靶向水解蛋白质然而这些泛素连接酶在植物生长发育中作用不尽相同(Lorick et al，1999；Schnell and Hicke，2003；Stone et al，2005；Wang et al，2006)，详见表 10-6。在不同类型的泛素连接酶中，紫茉莉 *MjXB3*，含有 1341 bp 的开放阅读框（ORF）。对 *MjXB3* 基因的启动子序列（2 kb）分析发现，该启动子含有许多 DNA 结合蛋白的推定结合位点，包括 bZIP、MyB，同源域-亮氨酸拉链(HD-Zip)，MADS-box 和 WRKY 转录因子等（He et al，2001）。*MJXB3* 启动子属于衰老特异性启动子，其不能在新鲜的矮牵牛和康乃馨花冠中驱动 GUS 表达（Xu et al，2007b）。另一方面，FOREVER YOUNG FLOWER（FYF：拟南芥中的 MADS 盒基因）同源物参与了花衰老和脱落中调节，该结论得到了 OnFYF 的异位表达结果支持，如文心兰一种单子叶植物）OnFYF 的 FYF 同源序列延迟了转基因拟南芥花的衰老和脱落（Chen et al，2011）。

表 10-6　编码泛素连接酶的基因

种　类	基因/转录/互补脱氧核糖核酸分离	可能的生物学功能	参考文献
大豆	*XBAT32*	诱导 PCD 和乙烯合成/信号转导	Kosslak et al（1997）
拟南芥	*BHR1*	油菜素类固醇反应/病原体反应	Molnar et al（2002）
	TED3/AePex2P	光信号	Hu et al（2002）
	ATL2	植物防御	Serrano and Guzman（2004）
	XBAT31	不清楚	Nodzon et al（2004）
	Xerico	抗旱和植物激素平衡	Ko et al（2006）
水稻	*XB3*	病原体诱导的细胞程序化死亡	Wang et al（2006）
紫茉莉	*MjXB3*	衰老进程的协调	Xu et al（2007）

因此，在花衰老期间，半胱氨酸蛋白酶和 26S 蛋白酶体介导的泛素途径均被激活，表明植物中具有 2 种蛋白质降解途径（蛋白酶体和非蛋白酶体）。然而，一些花（如康乃馨，六出花）显示在其衰老过程中半胱氨酸内肽酶以及泛素连接酶均上调，而其他花朵（如 M.jalapa）仅显示泛素连接酶被上调。半胱氨酸蛋白酶的作用已经涉及主要的蛋白质降解和再生。

3. 参与核酸降解的基因

据报道，可以降解 RNA 和 DNA 的特异性核酸酶活性也被花瓣衰老中显著诱导（Panavas et al，1999；Xu and Hanson，2000；Hunter and Reid，2001）。花朵衰老期间编码的核酸酶列于表 10-7 中。矮牵牛 *PhNUC1* 是衰老特异性表达的核酸酶，其在授粉后花朵自然衰老期间显著被表达，且受乙烯诱导。已经在编码推定的

核酸酶 *DcNUC1*，也具有类似的表达特性。然而，番茄 *BFN1* 在衰老开始之前已被激活（Farage Barhom et al，2008）；而 Hoeberichts 等（2005）也证实了满天星的花瓣中早期核降解。此外，在六出花花瓣中，PCD 过程在花瓣上极早地开始。Perez-amador 等（2000）对拟南芥 *BFN1* 基因克隆和蛋白质测序，揭示了 *BFN1* 蛋白与 DSA6 核酸酶（参与花瓣衰老）和 *ZEN1* 核酸酶（参与 PCD）具有相似功能。通过 2.3 kb 启动子激活 GUS 报告基因的方法分析了 *BFN1* 的诱导和表达模式研究发现，GUS 表达主要在衰老的叶片中，以及转基因拟南芥和番茄花瓣的木质部和脱落区；此外在其他组织中也检测到了 GUS 活性，包括花药、种子以及受精后的花器官（Farage-Barhom et al，2008）。*BFN1* 也可能参与拟南芥的 PCD 过程以及衰老相关。通过瞬时转化的烟草原生质体表明，*BFN1* 初始定位遍布整个细胞质，然后随着原生质体衰老而聚集在细胞核周围。在转基因拟南芥植物中，在幼叶和衰老晚期观察到类似的定位，在膜包裹的囊泡中与片段化的核定位中发现了 *BFN1-GFP* 荧光，表明 BFN1 在衰老和 PCD 过程中的降解核酸（Farage-Barhom et al，2011）。Breeze 等人（2004）也证实了在衰老的六出花中存在 DEAD / DEAH 盒子解旋。

表 10-7　参与核苷酸降解的基因

种　类	基因	参考文献
萱草	*DSA6*	Panavas et al（1999）
六出花	*DEAD/DEAH*	Breeze et al（2004）
矮牵牛	*PhNUC1*	Langston et al（2005）
康乃馨	*DcNUC1*	Narumi et al（2006）
玫瑰	*RhCG1* 和 *RhCG2*	Hajizadeh et al（2011）
西红柿	*BFN1*	Farage-Barhom et al（2008）

总之，在不同的花系统中，已经证实了在衰老过程中通过特异性核酸酶降解核酸。已经分离了许多编码核酸酶的 cDNA，并且发现它们在衰老开始之前显著地表达，表明它们在花衰老中发挥了重要作用。钴依赖的衰老特异性核酸酶 *PhNUC1* 和 *DcNUC1* 均属于乙烯响应型核酸酶。核酸酶的表达量在衰老症状变得明显之前就已经变化，它们可能在 PCD 相关的过程以及衰老过程中发挥重要作用。核酸酶的参与也表明花朵衰老与 PCD 有关。

4. 编码各种转录因子的基因

在各种花系统中，参与的花发育和衰老过程的转录因子已被鉴定(表 10-8)，例如同源域蛋白(一类通常代表转录因子的蛋白)，MYB 类 DNA 结合蛋白，石竹和紫茉莉的 MYC 蛋白和锌-蛋白质，康乃馨、鸢尾和拟南芥的 MADS Box 基因，NAC 结构域转录因子和“康乃馨乙烯-响应元件结合蛋白”CEBP（Waki et al，2001；Fang and Fernandez，2002；van Doorn et al，2003；Hoeberichts et al，2007；Iordachescu et al，2009；Balazadeh et al，2010）。鸢尾 MADS-box 基因与 RIN(参与番茄果实成熟发育控制的 MADS 因子)具有 51%的同一性(Vrebalov et al，2002)。由于过表达 MADS-box 基因的转基因拟南芥表现出花瓣衰老和花脱落延迟的表型，表明 MADS 转录因子可能在花瓣或花衰老发挥重要作用，然而，这些基因在调节花衰老中的确切功能尚未明确。Kaufmann 等（2009），在寻找 MADS 转录因子 *SEPAL-LATA3*（*SEP3* 在花发育过程中发挥重要作用）的靶基因时，发现 *SEP*3 可与 *ANAC092* 启动子中的两个位点结合，表明它作为 NAC 基因的上游调节因子发挥作用。NAC 结构域转录因子参与了生物和非生物胁迫耐性调控，以及木质部管胞和筛管细胞的程序性死亡。一个具有 NAC 结构域的 TF

基因 ANAC092 的表达在自然衰老的康乃馨花中显著下调和然而在衰老的拟南芥叶中的显著上调（Balazadeh et al，2010）。此外，在六出花中也鉴定到了 36 个与衰老相关的 EST 序列，其中包含 8 个锌指蛋白。采用 RT-PCR 表明 C_2H_2-锌指转录因子的转录水平在闭芽期和衰老中期达到峰值，而 MADS 基因在幼芽期和花开放期阶段达到具有高表达量（Wagstaff et al，2010）。MYB 转录因子基因如 *CCA1* 和 *F935* 可能也在调控花开放中发挥作用。然而，这些基因的生物学功能尚未明确。此外，在衰老的紫茉莉花中显著诱导的 b-Zip 和 HD-Zip 蛋白（植物特异性转录因子）的同源物，也被渗透失水诱导（Xu et al，2007a）。从紫茉莉中分离出了 HD-Zip 转录因子，包括拟南芥的 HD-ZIP-I 家族的成员 Athb-7 和 Athb-12（Sessa et al，1994；Lee and Chun，1998）。此外，参与乙烯信号传导和康乃馨花瓣衰老的 CEBP（康乃馨乙烯响应元件结合蛋白；核编码的叶绿体蛋白）也被发现其。CEBP 和 EILs（EIN3 类蛋白）可以结合非常相似的启动子区域（Maxson and Woodson，1996；Solano et al，1998），并且已经发现 CEBP mRNA 的减少伴随着 *Dc-EIL3* 在康乃馨花瓣发育期间突然积累（Iordachescu and Verlinden，2005）。预测的 CEBP 蛋白（32 kDa）含有两个高度保守的 RNA 结合 motif（*RNP-1* 和 *RNP-2*），1 个酸性区域，1 个 C-末端核定位信号和 1 个 N-末端叶绿体转运肽推测可能定位于细胞核和叶绿体（Maxson and Woodson，1996；Iordachescu et al，2009）。尽管 CEBP 在叶绿体中的作用仍不清楚，但类似的蛋白质参与叶绿体 RNA 的剪接和/或加工已被报道（Li and Sugiura，1990）。

表 10-8　转录子编码基因

种　类	基因/转录/互补脱氧核糖核酸分离	可能的生物学功能	参考文献
石竹	一种同源蛋白类似 DNA 结合蛋白 MYB, MYC 蛋白，MADS 盒子因子	转录因子 衰老调控，但确切角色不清楚	Waki et al（2001） Hoeberichts et al（2007）
拟南芥	MADS 盒子转录因子	延缓花瓣衰老和脱落	Fang and Fernandez（2002）
鸢尾	MADS 盒子基因		Van Doorn et al（2003）
拟南芥	*AtNAP*	叶片衰老	Guo and Gan（2006）
君子兰	*CCA1*，*F935* *b-Zip* 和 *HD-Zip* 蛋白	光周期控制，花成熟和开放调节花开放及衰老过程中的渗透和水分关系	Xu et al（2007）
石竹	CEBP（康乃馨乙烯响应结合蛋白）*ANAC092*	康乃馨花发育和衰老进程中乙烯信号胁迫和衰老调节	Iordachescu et al（2009） Balazadeh et al（2010）
六出花	Myb，Lim，Hap5B 及 MADS 盒子转录因子	胁迫和衰老调节	Wagstaff et al（2010）

总之，MADS-box 转录因子，MYB 类 DNA 结合蛋白，MYC 蛋白，NAC 结构域转录因子和 CEBP 已经被鉴定为下调基因，其转录在发育初期直至花开放具有高表达丰度。这些基因在花衰老中的作用尚不清楚，然而，它们参与了衰老过程的初始步骤，因为超表达这些转录因子的植株衰老显著延迟。HD-Zip 蛋白，b-Zip 蛋白和 Zinc-finger 蛋白属于衰老上调的转录因子。这些转录因子

的表达受发育信号（CCA1）控制，也受花朵开放和衰老（HD-Zip 蛋白）渗透胁迫诱导。

5. 参与乙烯合成的基因（ACC 合成酶和 ACC 氧化酶基因）

在乙烯敏感的花系统中，ACC 合成酶和 ACC 氧化酶是乙烯生物合成中的关键酶。在康乃馨中，几种在花瓣萎蔫期间被上调的 1-氨基环丙烷-1-羧酸酯（ACC）合酶和 ACC 氧化酶基因。例如，Park 等（1990）发现在自然和乙烯诱导的花衰老期间的花瓣中大量表达的 *CARACC3*。Henskens 等（1994）分离克隆了两个编码康乃馨 ACC 合酶的 cDNA。其中一个基因与 *CARACC3* 相同，而另一个 *CARAS*1 的氨基酸序列与 CARACC3 仅具有 66%的序列相似性。*CARAS1* 在花瓣中具有更高的表达丰富。CARAS1 的氨基酸序列中，氨基酸残基 tyr-215（许多已知氨基转移酶中的保守残基和所有已知的 ACC 合成酶）被 Phe 取代（Henskens et al，1994；Zarembinsky and Theologis，1994），认为该残基参与了必需辅因子吡哆醛磷酸盐的结合。Henskens 等人（1994）表明，该基因可编码非功能性酶；然而，*CARAS1* 表达丰度与衰老过程中乙烯产生量呈正相关，表明 *CARAS1* 编码了一种功能性酶。Ma 等人（2005）在研究玫瑰的三种 ACS 基因的表达谱时发现，*Rh-ACS2* 是由衰老强烈诱导的，且在雌蕊中被乙烯快速诱导；在康乃馨中也具有类似的报道，雌蕊中的 *CARAS1*（也称为 DCASC2）对外源乙烯处理响应较花瓣的响应更快更强。表明玫瑰花瓣中衰老相关基因 Rh-ACS2 可能在雌蕊的乙烯生物合成诱导和促进花开放过程中起重要作用（Have and Woltering，1997）。*DcACS1* 的基因编码两种不同的同种型（*DcACS1a* 和 *DcACS1b*）序列，对 32 个康乃馨品种分析表明，大多数品种只有 *DcACS1a*，而有些同时有 *DcACS1a* 和 *DcACS1b*，两个基因都具有五个外显子和四个内含子结构，其

中 *DcACS1a* 中外显子 1-3 的核苷酸序列与 *DcACS1b* 中的核苷酸序列完全相同，然而外显子 4 和 5 中发现了几个核苷酸的取代，*DcACS1b* 的外显子 5 比 *DcACS1a* 短 18 个核苷酸。此外，研究发现 *DcACS1a* 和 *DcACS1b* 的 5'-UTR 的核苷酸序列对基因的表达具体显著的调节作用，而 3'-UTR 无此功能。此外，*D. superbus* var. *longicalycinus* 的 *DcACS1* 直系同源基因已被分离，命名为 *DsuACS1a* 和 *DsuACS1b*；外源乙烯可显著诱导 *D. superbus* var *longicalycinus* 花瓣中内源乙烯的产生，同时积累 *DsuACS1* 的转录本（Harada et al，2011a）。从康乃馨中分离出了 ACC 氧化酶基因（Wang and Woodson，1991），该基因在花柱中具有组成型表达。Spanu 等人（1994）提出通过相关蛋白的磷酸化和去磷酸化对 ACC 合成酶蛋白的翻译后调节。

总之，ACC 合酶和 ACC 氧化酶基因（参与乙烯生物合成）已成功分离并在各种花系统（康乃馨和玫瑰）中进行鉴定，并且也被揭示了它们在不同组织系统中具有差异表达特性。如康乃馨的 *CARACC3* 基因具有花瓣特异性表达，而来自康乃馨的 *CARAS1* 和玫瑰的 *Rh-AS1* 仅在雌蕊中表达。

6. 编码乙烯受体的基因

乙烯或授粉诱导花瓣衰老或脱落主要与 ACS 和 ACO 基因的转录调节（Bui and ÒNeill，1998；Jones，2003；Fernández-Otero et al）和乙烯受体基因（Shibuya et al，2002；Kuroda et al，2003，2004）表达相关，这种诱导还伴随着一些观赏植物中 *CTR*（组成型三重响应）基因的增加（Müller et al，2002；Kuroda et al，2004）。通过在拟南芥中几种乙烯受体（ETRs）的乙烯敏感性研究（Bleecker and Schaller，1996），筛选获得了许多 ETR1 和 ETR1 类基因（Chang et al，1993；Hua et al，1995，1998；Hua and

Meyerowitz，1998；Sakai et al，1998），它们编码的 ETRs（*ETR1*，*ETR2*，*EIN4*，*ERS1* 和 *ERS2*），属于内质网（ER）跨膜蛋白，与细菌双组分组氨酸激酶具有相似特性。基于它们的序列相似性和结构特征，这些蛋白质被划分为两个亚家族，即 ETR1 样亚家族（*ETR1* 和 *ERS1*）和 ETR2 样亚家族（*ETR2*，*ERS2* 和 *EIN4*）。*ETR1* 和 *ERS1* 蛋白 N 末端具有三个疏水结构域，以及五个共有的组氨酸激酶典型的催化位点亚结构域，而 *ETR2*、*EIN4* 和 *ERS2* 的 N 末端具有四个疏水结构域且缺乏组氨酸激酶中的大部分 motif（Parkinson and Kofoid，1992；Hua et al，1998；Klee，2002）。此外，已发现 *ETR1*，*ETR2* 和 *EIN4* 具有接收结构域，而 *ERS1* 和 *ERS2* 缺乏这个结构域。对 ETR1 蛋白结构的详细研究表明存在以下成分（Schaller and Bleecker，1995；Kehoe and Grossman，1996；Aravind and Ponting，1997；Bleecker et al，1998）：

（1）3 个可逆结合乙烯的 N-末端疏水结构域。

（2）与光敏色素相关的 T2L 和 R2L 结构域（具有光敏色素光感受器的发色团附着结构域的同源结构域）。

（3）GAF 结构域（在光转导蛋白中发现的同源结构域）。

（4）两个与组氨酸激酶同源的结构域。

（5）细菌双组分组氨酸激酶系统的接收器。

关于 ETR1 的功能，研究发现其显示出与铜离子介导的乙烯结合结构域高亲和性，ETR1 的 Cys^{85} 残基对于铜离子介导的乙烯受体结合发挥了至关重要的作用。此外，RAN1 基因在铜离子与 ETR1 绑定以及乙烯受体结合中起到调节功能（Rodriguez et al，1999）。其他植物中分离出 ETR1 同源基因见表 10-9。据（Chang et al，1993）报道，*ETR1* 等位基因突变后 *etr1-1*，*etr1-2*，*etr1-3* 和 *etr1-4*，植物的乙烯敏感性显著下降。这些突变均来自三个疏水结构域中单个氨基酸置换，例如 *etr1-3* 中的 31 位的 Ala 突变为 Val， *etr1-4* 中 62 位的 Ile 突变为 Phe，*etr1-1* 中 65 位的 Cys 突变为 Tyr 以及 *etr1-2* 中 102 位的 Ala 突变为 Thr。矮牵牛乙烯受体基因突变体 *etr1-1* 显著降低乙烯敏感性，从而延缓衰老（Wilkinson et al, 1997）；相反拟南芥乙烯受体基因 *ETR1-1* 显性突变体在叶子和花衰老的发生和进程方面表现出显著的延迟（Yang et al，2008）。

表 10-9　乙烯受体编码基因

种　类	基因/转录/互补 脱氧核糖核酸分离	参考文献
拟南芥	*ETR1* 及其相似基因（*ETR2*，*EIN4*，*ERS1*，*ERS2*）	Chang et al（1993），Wilkinson et al（1995），Hua et al（1995，1998），Hua and Meyerowitz（1998），Sakai et al（1998）
食用番茄	*NR 基因*，*LeETR1*，*LeETR2*，*LeETR4*，*LeETR5*	Lashbrook er al（1995），Tieman and Klee（1999）
酸模属	*RP-ERS1*	Vriezen et al（1997）
黄瓜	*Cm-ETR1*，*Cm-ERS1*	Sato-Nara et al（1997，1999）
西番莲	*PE-ETR1*，*PE-ERS1*	Mita et al（1998）
现代月季	*RhETR1*，*RhETR2*，*RhETR3*，*RhETR5*	Muller et al（2000），Ma et al（2006）
康乃馨	*DcERS1*，*DcERS2*，*DcETR1*，	Shibuya et al（2002）
飞燕草	*DIERS1*，*DI-ERS1-3*，*DI-ERS2*	Kuroda et al（2003，2004），Tanase and Ichimura（2006）
菊花	*DgERS1*	Narumi et al（2005）
蝴蝶兰	*OgERS1*	Huang et al（2007）
牡丹	*PsETR1-1*	Zhou et al（2010）

不同花系统的 *ETR1* 基因的表达模式不尽相同，如 *RhETR1* 在

长效微型月季品种中具有高表达丰度，而 *RhETR3* 在短期品种中表达更高，*Rh-ETR5*（切花月季）和 *RhETR2*（微型月季）在整个花发育过程中呈现出组成表达模式（Müller et al，2000a，b，2001；Ma et al，2006；Tan et al，2006） 和 *Dg-ERS1* 在乙烯敏感的菊花花瓣中具有较高表达丰度（Narumi et al，2005）。此外，*ETR* 基因展现出时间调节特性，如康乃馨 *Dc-ERS2* 在开放前阶段表达，而 *Dc-ETR1* 在衰老期间表现出组成型表达，但在衰老期间未检测到 *Dc-ERS1* 表达（Shibuya et al，2002）。类似地，翠雀属 *Dl-ERS1-3* 和 *Dl-ERS2* 在花朵衰老过程中表现出组成型表达模式，翠雀属小菌株 *Dl-ERS1* type-1 和 type-2 在花朵衰老起始具有高表达量，随后显著减少（Kuroda et al，2003；Tanase and Ichimura，2006）。文心兰 *OgERS1*（单子叶植物的与系统发育相关的 ETRs））在根和花芽中大量表达，在假鳞茎、叶以及完全开放的花中表达量较少（Huang et al，2007）。牡丹 *Ps-ETR1-1* 在不同的开放阶段保持恒定水平，为组成型表达（Zhou et al，2010）。外源乙烯处理也会影响乙烯受体基因表达水平，*RhETR1*，*RhETR2*，*RhETR3*，*DlERS1-3* 和 *DlERS2* 的表达受外源乙烯显著诱导，然而 *Ps-ETR1-1* mRNA 水平却被抑制。此外，某些乙烯受体表达量不受乙烯所诱导，如 *Rh-ETR5*、*Dc-ERS2* 和 *Dc-ETR1*。在牡丹中，ETRs 水平与对乙烯的敏感性之间成反比关系，乙烯受体蛋白量的减少反而增加了植物组织的乙烯敏感性例如 *Ps-ETR1-1* mRNA 水平的降低增加了花瓣对乙烯的敏感性，从而加速衰老（Shibuya et al，2002；Kuroda et al，2003，2004；Ma et al，2006；Tan et al，2006）。

总之，乙烯受体基因（*ETR*s）介导了花朵衰老过程中乙烯敏感性，其可编码与细胞双组分组氨酸激酶相似的跨膜蛋白。拟南芥的 *ETR1* 基因具有可逆结合乙烯的疏水区域，铜离子在其中发挥了重要作用。据推测，RAN1 向 *ETR1* 提供铜离子。ETR 的表达差异与微型盆栽月季的寿命有关，通常长寿品种 *ETR1* 表达量更低。相反，牡丹 ETR 水平与乙烯敏感性成反比。在飞燕草花瓣脱落是由乙烯受体（*ERS1*）水平升高引起，且受外源乙烯影响。

7. 参与乙烯信号传导的基因

利用分子遗传学方法，从许多植物中分离和鉴定了许多与乙烯信号传导途径相关的基因，尤其在模式植物拟南芥中，乙烯信号传导途径已被充分鉴定（Guzman and Ecker，1990；Kieber et al，1993；Roman et al，1995；Chao et al，1997；Alonso et al，1999）。乙烯被 ETR 受体识别后，进一步调节 *CTR1*（乙烯反应途径的负调节因子）的活性，其蛋白质序列与丝氨酸/苏氨酸蛋白激酶的 Raf 家族具有高度同源，进而表明 *CTR1* 可能通过丝裂原活化蛋白（MAP）激酶级联发挥作用。MAPKs 参与调控应激反应，是 PCD 信号转导途径的关键因素（Kieber et al，1993；Mizoguchi et al，1996；

Waki et al，2001）。在飞燕草中，MAPKs 编码含有丝氨酸/苏氨酸激酶结构域的多肽 *DlCTR1*，其 ATP 结合位点和丝氨酸/苏氨酸激酶催化位点已被证明（Kuroda et al，2004）。通过对于编码富含亮氨酸的重复跨膜受体蛋白激酶和 14-3-3 蛋白激酶分析证实了这一观点。前者被认为在信号转导中发挥作用，而后者在细胞周期进展、DNA 损伤检查点启动和预防人类凋亡控制等过程中发挥作用（Wilker and Yaffe，2004；Yamada et al，2007）。Hua 和 Meyerowitz（1998）报道，在无乙烯的情况下，ETRs 正向调节 *CTR1*，*CTR1* 的活性形式抑制下游组分和乙烯响应。在乙烯存在下，*CTR1* 是失去活性，然后活化下游组分并发生乙烯响应。AtCTR1 类激酶 *LeCTR2* 与 ETR 的 N-末端的选择性互作，然后被 C-末端激酶活性（Lin et al，2008）。ETRs 受转录水平和转录后水平调节，而 *CTR1*

主要受转录后水平调节，进而影响 ETR 的结合或分离（Gao et al，2003；Chen et al，2005）。不种物种中的 *CTR1* 基因，如表 10-10 所示。其中 *LeCTR2*，*RhCTR2* 表现出组成型表达模式，而 *LeCTR1*，*RhCTR1* 在果实成熟，花朵开放、衰老和防御响应被显著诱导（Zegzouti et al，1999；Alexander and Grierson，2002；Leclercq et al，2002；Lin et al，2008；Hajizadeh et al，2011b）。此外，西葫芦的 *CTR1* 的同源物 *Cup-CTR1*）仅在雄性花有表达（Manzano et al，2008）。

表 10-10 参与乙烯信号传导的基因

种　类	基因/转录/互补脱氧核糖核酸分离	参考文献
拟南芥	*CTR1* *At-ERFs*	Kieber et al（1993） Nakano et al（2006）
番茄	*LeCTR1-LeCTR4* *LeEIL1*	Lin et al（1998） Tieman et al（2001）
飞燕草	*CTR1*	Kuroda et al（2004）
矮牵牛	*Ph-EIL1* *PhERF1-PhERF13*	Shibuya et al（2004） Liu et al（2011）
番薯	*In29*，*In42*	Yamada et al（2007）
西葫芦	*Cup-CTR1*	Manzano et al（2008）
烟草	*Ns-EIL1*	Yang et al（2008）
牡丹	*Ps-EIN3-1*	Zhou et al（2010）
玫瑰	*RhCTR1*，*RhCTR2*	Hajizadeh et al（2011）
石竹	*DCEIN2* *DCEBF1* *DcEIN3* *Dc-EILs*	Fu et al（2011） Fu et al（2011） Hoeberichts et al（2003） Waki et al（2011），Iordachescu and Verlinden
柑橘	*Cit ERF*	Yang et al（2011）
龙眼	*DIHD2*，*DIERF1*，*DIERF2*	Kuang et al（2012）

双重突变体分析表明，*CTR1* 作用于 *ETR1*、*ERS1* 和 *EIN4* 位

点或其下游，*EIN2*、*EIN3*、*EIN5*、*EIN6* 和 *EIN7* 作用于 *CTR1* 之后（Hua et al，1995；Roman et al，1995）。Chen 等人（2005）综述了 *CTR1* 可通过 MAPK 级联反应将信号传递给 EIN2（一个乙烯途径的正调节子），然后传递给 *EIN3/EILs*，进而引起下游靶基因如 *ERFs* 表达。。最近证明拟南芥中的 CTR1 可与 EIN2 互作并直接磷酸化 EIN2C 末端结构域（Li and Guo，2007；Ju et al，2012）。*EIN2* 属于 ER 定位的膜蛋白，过表达其 C 末端的可导致乙烯反应和乙烯组成型诱导表型；此外，*ein2* 突变体表现出乙烯不敏感性（Alonso et al，1999；Bisson et al，2009）。*EIN2* 的蛋白水平受 2 个 F-盒蛋白-*ETP1* 和 *ETP2*（*EIN2*-靶向蛋白）调节，其负向调节乙烯信号传导，*ETP1* 和 *ETP2* 的表达受乙烯显著下调（Qiao et al，2009）。拟南芥中存在约 700 个 F-box 基因，其可通过泛素介导的蛋白酶体进而引起蛋白水解，例如，与拟南芥叶子衰老启动相关的 *ORE9*（Woo et al，2001；Vierstra，2003）。最近在衰老的康乃馨花朵中鉴定出了乙烯依赖型的 *DCEIN2* 基因，该基因全长 3,828 bp，编码 1275 个氨基酸。其蛋白质分子量为 139.5 kDa，含有 12 个假定的跨膜结构域，与拟南芥 *EIN2*、矮牵牛 *PhEIN2* 和番茄 *SIEIN2* 蛋白类似（Alonso et al，1999；Fu et al，2011a）。*EIN2* 下游的乙烯信号传导由 *EIN3* 或 *EIL* 蛋白介导（Chao et al，1997；Solano et al，1998），*EIN3/EIL* 也受 F-box 蛋白调控，如 *EBF1* 和 *EBF2*（编码一种 5'-3'外切核糖核酸酶），调节，作用机制与 *ETP1* 和 *ETP2* 调节的 *EIN2* 类似（Guo and Ecker，2003，2004；Bishopp et al，2006）。有趣的是，*EBF2* 的表达量受 *EIN3* 调节，*EIN3* 通过直接结合到 EBF2 的启动子，进而负反馈调节使乙烯信号传导（Gagne et al，2004；Olmendo et al，2006；Konishi and Yanagisawa，2008）。最近，从康乃馨中分离得到一个 EBF 基因 *DCEBF1*，全长 1878 bp，其表达被内源/外源乙烯诱导，但被花瓣和子房中的 STS

抑制（Fu et al，2011b）。核定位转录因子 *EIN3* 或 *EIN3*-like 蛋白，如 *EIL1*，*EIL2*，*EIL3*，*EIL4* 和 *EIL5* 的表达在花朵衰老过程中均被显著上调（Waki et al，2001；Alonso et al，2003；Hoeberichts et al，2003；Yanagisawa et al，2003；Shibuya et al，2004；Iordachescu and Verlinden，2005；Zhou et al，2010）。通过对拟南芥 *EIN3* 蛋白结构分析发现，该蛋白在 N-末端具有高度酸性结构域，在整个 *EIN3* 多肽中具有五个小的碱性氨基酸簇，富含脯氨酸的结构域和 C 末端富含天冬酰胺的结构域（Chao et al，1997）。牡丹 *Ps-EIN3-1* 受乙烯处理强烈抑制，可能归因于激活了某些防御机制的，从而降低了组织对乙烯敏感性（Lorenzo et al，2003；Zhou et al，2010）。康乃馨 ACC 合成酶和 ACC 氧化酶基因的表达受 EIL 基因调节。此外，EIL 可能参与了康乃馨花朵衰老，如内源可溶性糖通过影响 *Dc-EIL3* 基因表达调节康乃馨的花衰老（Hoeberichts et al，2007）。Tieman 等人（2001）证明，番茄 *LeEIL1* 表达降低会影响乙烯反应，包括叶片生长、花脱落、花衰老和果实成熟（Yang et al，2008）。*EIL1* 和 *EIN3* 协同但差异调节了乙烯响应，EIL 主要抑制成年植株的叶片生长和茎伸长，*EIN3* 主要调节幼苗中的乙烯反应。突变 *EBF1* 和 *EBF2*，*EIL* 和 *EIN3* 在细胞核中组成性积累。*EIN2* 对于介导乙烯诱导的 EIN3 / EIL1 积累和 EBF1/2 降解是必不可少的（An et al，2010）。

EIN3 或 *EILs* 可诱导其他转录因子的表达，包括 *ERFs*（乙烯响应因子，以前称为乙烯响应元件结合蛋白 *EREBP*）和 *EDFs*（乙烯响应性 DNA 结合因子）（Ohme-Takagi and Shinshi，1995；Suzuki et al，1998；Li and Guo，2007）。

ERF 是植物特异性 AP2/EREBP 型转录因子，具有高度保守的 DNA 结合结构域（由 58 或 59 个氨基酸组成的 ERF 结构域），并通过特异性结合 11 bp GCC 顺式作用元件来调节基因表达

（Ohme-Takagi and Shinshi，1995；Hao et al，1998；Riechmann and Meyerowitz，1998；Yang et al，2011）。基于结构相似性对 ERF 基因进行了分类（如表 10-10 中所列），拟南芥中 ERF 被分为 12 个亚家族（Nakano et al，2006）。刘等（2011）对矮牵牛的 13 个 *ERF*（*PhERF1- PhERF13*）进行了鉴定和分类，其中，*PhERF2* 和 *PhERF3* 被证明与花衰老有关。杨等人（2011）鉴定出一个新的转录因子 *ERF* 基因（*Cit ERF*），可能在一些生物过程中发挥多种作用，特别是果实成熟和增强胁迫耐性。组蛋白去乙酰化在基因表达的表观遗传控制中起重要作用，例如 *HD2*。植物特异性组蛋白脱乙酰酶能够在许多生物过程中介导转录抑制。在衰老的龙眼果中，已经克隆并鉴定了 1 种组蛋白脱乙酰酶 2 型基因 *DlHD2* 和 2 种乙烯响应因子类基因 *DlERF1* 和 *DlERF2*。研究发现，一氧化氮延迟果实衰老主要通过增强 *DlHD2* 的表达并抑制 *DlERF1* 和 *DlERF2* 的表达，此外，*DlHD2* 和 *DlERF* 可相互作用进而调节龙眼果实衰老（Kuang et al，2012）。

总之，乙烯信号传导途径已在拟南芥中得到充分阐明，但累积的数据将被纳入更广泛的模型，因此可以扩展到与花朵衰老相关的研究。虽然在许多花系统中，与乙烯信号传导相关的基因已被鉴定和分离，但仍然没有一个连贯的图谱可以帮助理解乙烯介导的花朵衰老。总之，乙烯信号通过 *ETR1* 传导，*CTR1* 是主要通过 MAPK 级联反应在转录后水平调节的乙烯应答途径的负调节因子。*CTR1* 失活进而激活下游组分 *EIN2*，*EIN3 / EILs*，*EIN5*，*EIN6* 和 *EIN7*，最终引起乙烯响应。*CTR1* 失活后，可通过 MAPK 级联直接磷酸化或间接激活 *EIN2*，其功能又通过与两种 F-盒蛋白（*ETP1* 和 *ETP2*）相互作用进行调节。*EIN2* 的组成型表达激活 *EIN3 / EIL*，从而激活下游乙烯应答基因的表达。*EIN3* 或 *EIL* 的功能受两个 F-box 蛋白（*EBF1* 和 *EBF2*）调节。因此，对乙烯信号传导

的感知涉及各种基因或产物之间的广泛串联（图 10-5）。

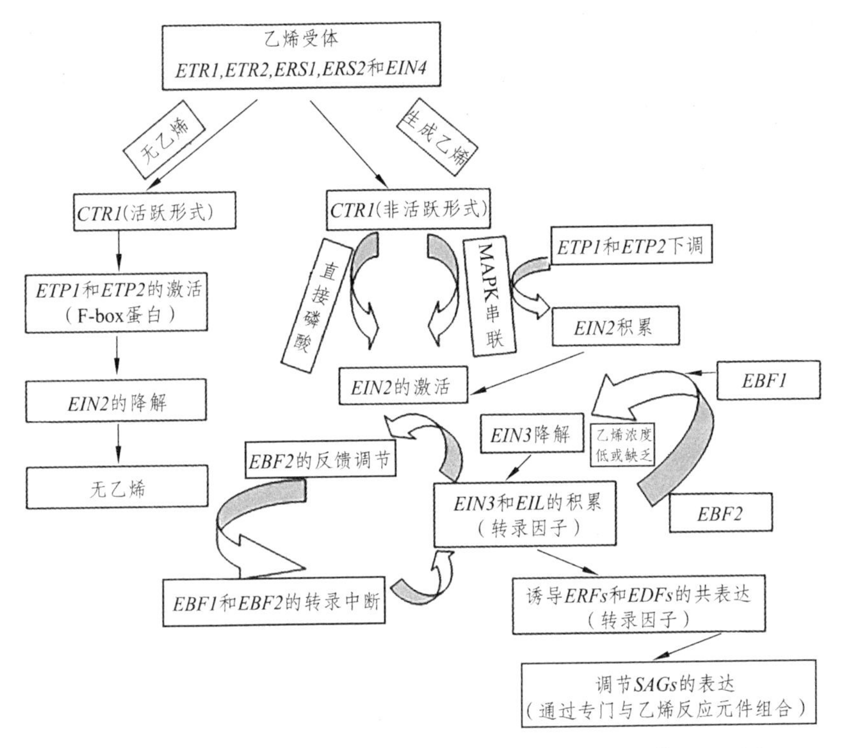

图 10-5　乙烯信号传导途径模型（仿 Waseem Shahri 等，2014）

8. 未来的展望

分子和基因组革命毫无疑问地推动植物衰老领域研究的革命，尤其是花朵衰老。通过分子、突变或转录组学方法，我们已经分离并鉴定了许多与衰老相关的基因（如编码蛋白酶，核酸酶，转录因子，乙烯生物合成和信号传导等的基因）。此外，微阵列技术、全转录组学测序研究和转基因方法将有助于解析花朵衰老基因功能。虽然大部分基因或其相应的蛋白质已被详细阐明；然而，我们仍远未形成分子水平各方面衰老控制机制的综合图景。因此，研究人员面临的主要挑战是如何有效地将分散在各种花中的现有信息整合到一个花朵衰老数据库（FSD）中。此外，迄今为止收集的信息主要基于拟南芥，矮牵牛，紫茉莉，罗莎，六出花等少数植物的研究，因此，如何理解复杂的衰老调节途径，另一个挑战是将这种理解扩展到其他物种，特别是商业物种（观赏植物），以便通过利用调节花衰老的机制来延长它们的瓶插寿命。

第十一章　切花百合贮藏保鲜技术

切花采收后阻断了花枝与母体植株间的联系，花瓣内的蛋白质、核酸和磷脂等大分子物质和结构物质逐渐降解，失去其原有的生命功能；乙烯合成增加，加速了花瓣的衰老；质膜流动性降低，透性增加，最后导致细胞解体死亡。鲜切花采收后水分代谢遭到破坏，花枝水分蒸腾量大于吸水量，溶液及花茎中微生物大量繁殖，其代谢产物堵塞花茎疏导组织，影响水分吸收，也加速了花瓣的凋萎。

花卉产品的最大用途是观赏。从切花采收，到贮藏运输、销售，再到消费的各个环节，如何调控鲜切花的代谢，是采后生理和技术研究的重要领域。

第一节　百合的采收

切花百合从栽培到销售的各个环节都有一定的时间滞留，为了给消费者提供新鲜如初的产品，应非常注意切花采收期，并且在采后运用各种方法进行处理，调节切花的生理状态，延缓衰老，保持最佳品质。

一、切花采收的时间

掌握切花的成熟度，适时采收，有利于包装运输和保证切花质量。一般原则是花枝最下一朵花蕾充分膨胀并着色时即可采收，白色品种花蕾由绿色变为乳白色，红色品种、黄色品种等彩色品种花蕾出现品种特有颜色时即可采收。若第一朵花蕾着色、膨胀且顶端开始张口时，采收过迟，而过迟采收不利于包装运输，在运输过程中也容易开裂、损伤，花粉易污染花瓣。

二、采收的方法

采收工具一般使用枝剪。切割部位取决于植株的高度和地下鳞茎的处理方式。若植株足够高，在保证切花花枝长度情况下，尽量留下一定绿叶，有利于地下鳞茎的发育膨大；如果植株高度有限，要么是保证切花品质要求，切取足够长度的花材，这样可能导致留下的茎叶有限，影响鳞茎膨大；要么就是留下较多的茎叶，保证鳞茎生产，缩短切花花枝长度。

三、分级包装

（一）分　级

采收的切花应尽快运回包装处理车间。在处理车间，首先将枝条下部 10 cm 左右的叶剪去，然后进行分级。百合切花在国内市场的主要分级依据为花苞数量、花枝长短及叶片、花蕾的品种。麝香百合以花蕾数为首要分级依据，分为单头、双头、三头和多头，再以长度分级。

（二）捆　扎

通常按照品种、等级、长度以每 10 枝捆扎，用胶圈捆扎在一起，然后用枝剪剪平，最后放入清水中吸水。

（三）包　装

切花是园艺产品中最娇嫩、最不耐贮运的产品之一，其包装既要符合一般的包装原则，又有特殊要求。目前，一般以柔软的低密度聚乙烯塑料薄膜、高密度聚乙烯塑料薄膜、聚丙烯塑料薄膜和软棉纸作为包装材料。花头用软棉纸为好；花枝部分以高密度聚乙烯塑料薄膜包裹最好，因为其密闭性好，袋内蓄积的二氧化碳浓度为 2.1%，对切花的呼吸作用有明显的抑制作用，且其袋内的温度变幅小，水分不易丧失，因此保鲜时间长。

1. 包装箱

包装箱应有良好的承载力，不易变形，方便贮运过程的操作。常用的有纤维板箱、纸箱、加固胶合板箱和板条箱等。

此外，还有新型包装材料。

（1）保鲜瓦楞纸箱。

PE 夹层型：将 PE 保鲜膜夹在瓦楞纸板的内外芯之间。

层压型：将保鲜物（剂）与镀铝膜压到纸板的内外芯纸上。

组合型：将塑料薄膜与瓦楞纸板组合使用。

混合型：将吸收乙烯气体的粉末在造纸过程中加入纸浆，成型瓦楞纸后即可得到。

（2）功能性瓦楞纸箱。

夹塑层瓦楞纸箱：在瓦楞纸原纸内夹如塑料薄膜，利用塑料薄膜层的阻气性，保证了这种包装中低氧、高湿和高二氧化碳的 CA 条件，实现抑制鲜切花呼吸和阻止水分蒸发等效果。

生物式保鲜纸箱：在瓦楞纸上涂一层抗菌剂、防腐剂、乙烯吸附剂和水分吸附剂等。

（3）混合型保鲜瓦楞纸箱。

在制作瓦楞纸板的内芯纸或聚乙烯薄膜时，将含硅胶的矿物微粒、陶瓷微粒等混入其中，将所得混合聚乙烯薄膜再贴在瓦楞纸内面，从而得到三种类型的包装材料制成的包装箱。

（4）远红外保鲜纸箱。

把能发射远红外波长（614 nm）的陶瓷粉末覆盖在天然厚纸上，然后再与所需材料复合而成。这种纸箱在常温下能发射红外线，使鲜花中抗性分子活化，提高抵抗微生物的能力；或使酶活化，保持切花的鲜艳度。

（5）泡沫板复合瓦楞纸箱：一种由瓦楞纸和 PSP 特殊泡沫板层叠而成；另一种由瓦楞纸和聚乙烯泡沫板层叠而成。

（6）功能性保鲜膜。

吸附乙烯气体薄膜：是一种将多孔性矿物（如绿凝灰石、沸石、方英石、二氧化硅等）粉末化，然后将其搅拌进塑料原料中而制成的薄膜。这些多孔性矿物质一般含量都大于 5%，具有吸附乙烯的特性。

防白雾及结露薄膜：是在单体膜上涂布一层脂肪酸等防白雾剂，或者加入了界面活性剂的薄膜。其主要目的是保证切花包装形象和切花商品价值。

2. 包装方法

（1）内包装　常见百合切花内包装的方式有成束包装。

（2）外包装　常用纤维板箱、木箱、加固胶合板箱、板条箱、纸箱、塑料袋和泡沫箱，其中纤维板箱是目前运输中使用最广泛的包装材料。

3. 包装方式

分为干式包装和湿式包装。百合一般用干式包装，便于空运。湿式包装局限于陆路运输。

四、百合切花的采后预冷

1. 鲜切花预冷的意义

鲜切花预冷是通过人工措施将鲜切花的温度迅速降到所需温度的过程，这一措施主要在切花运输前或贮藏前进行。预冷是鲜切花冷链流通的首要环节。

作为采后处理的主要环节之一，预冷技术不管是生理还是经济上都有重要的意义。

（1）降低呼吸作用，延缓花朵开放和衰老过程。切花的呼吸作用是由一系列酶催化反应引起的，呼吸强度与温度有直接关系。鲜切花从植株采后，主要依靠自身的营养物质来维持代谢。采后快速预冷降低温度，可抑制与呼吸相关的酶活性，减少呼吸底物消耗，同时也减少过氧化物和自由基的产生，推迟衰老。

（2）减少水分损伤，保持新鲜度。鲜切花水分含量可占 70% 及以上，采后水分损失会破坏花枝正常代谢，降低耐贮性。温度是影响水分损失的最主要环境因素。温度影响饱和湿度，温度升高，饱和湿度增大，花枝失水量增多；温度高，水分的蒸发快，失水快。通过预冷，降低温度，减小空气饱和湿度，减少了花枝水分蒸发量。

（3）抑制微生物，减少病害。引起采后病害的主要是真菌和细菌，它们都有适宜的生育温度。在低温条件下，微生物发展的速度显著减慢。通过预冷降低花枝温度，可明显抑制致病微生物繁殖和传播，减少病害发生。

（4）降低乙烯危害。防止或控制乙烯的危害，是鲜切花保鲜的重要技术和措施之一。通过预冷，减缓鲜切花生理代谢过程，钝化了乙烯的受体活性，降低了乙烯危害。

（5）预冷还具有较高的经济价值。通过预冷，排除了大量的田间热量，减少了贮运过程中制冷设备的消耗，与保冷技术结合，可保证鲜切花的良好品质，降低运输成本。

2. 常用切花的预冷方法

（1）冷库预冷　直接将切花放在冷库中，或打开包装箱，使其温度降至所要求的范围。冷库应有足够的制冷量，当冷空气以流速 60 ~ 120 m/min 循环时，预冷效果较好。

（2）包装加冰　即把冰块或冰砖放在包装箱中，包装加冰增加了货载量，是其他预冷措施的辅助手段。

（3）强制通风冷却　最常见的预冷方法，可使产品迅速预冷。用接近 0 °C 的空气直接通过切花，带走田间热，使切花迅速冷却。

（4）真空冷却　水的蒸发点随大气压的降低而下降，在低压容器中，切花的水分很容易蒸发而使其温度降低，当压力减小到 613 Pa，水在 0 °C 即可蒸发。荷兰已正式运用这一系统预冷切花。由于切花在低压下也产生热量，其水分蒸发速度较快，因此不论多少切花，预冷时间都应很短。

第二节　物理保鲜

一、调节气体储藏法

调节气体储藏法一般是指通过增加 CO_2 同时降低 O_2 并去除有

害气体，并结合低温环境，减缓组织中营养物质的消耗，抑制乙烯的产生和作用，限制微生物的发生，使鲜切花代谢过程减慢，延缓衰老。鲜切花气调保鲜有三条途径：一是自然降氧法，利用切花自身的呼吸作用释放的 CO_2，增加密封包装环境中 CO_2 含量，减少 O_2 含量，抑制乙烯的释放，延长切花的贮藏时间；二是快速降氧法，在密封的贮藏环境内，充入 CO_2 或 N_2，以达到快速降氧的目的；三是硅橡胶薄膜包装储藏法，利用硅橡胶对 CO_2 和 O_2 具有选择透性这一特点，用硅橡胶镶嵌在包裹切花的聚乙烯薄膜袋上，成为硅窗气调袋，若气调结合低温贮藏，保鲜的效果则更佳。也可通过使用活性炭吸附乙烯，降低环境中乙烯浓度，减轻因乙烯对花朵的催熟而引起的衰老。

二、冷藏法

冷藏分为干藏和湿藏两种方式。冷藏保鲜高效、经济，因而被广泛采用。冷藏库冷藏法，是在 0 ~ 2 °C 的温度下和 85% ~ 95% 的相对湿度条件下的贮藏。在发达国家与地区，已广泛采用预冷处理，主要包括强风预冷、压差预冷和真空预冷三大类，用来克服单纯冷藏库保鲜的不足。高俊平等认为，占鲜重比例很小的花朵和叶片却是蒸腾失水的主要器官，因此，在真空预冷过程中进行茎基吸水和叶面喷水处理，能显著减少花材失水萎蔫程度。

三、薄膜包装储藏法

薄膜包装储藏又称自发气调储藏，是指利用薄膜密封包装并通过储藏本身的呼吸所形成的气体条件进行储藏的技术措施。主要采用聚乙烯薄膜包裹，降低呼吸消耗和乙烯的生成量，防止蒸腾失水，达到延长切花寿命的目的。高俊平等认为在 8 °C 低温结合厚膜包装（0.35 mm）和湿藏（用浸透水的棉纱包扎茎基部）的综合处理下，能有效地降低月季切花的呼吸强度和乙烯生成量，使瓶插寿命明显延长。

四、超声波保鲜和辐射保鲜

超声波具有辐射压、空化、冲流、高温等物理化学效应，在农业中应用广泛。曾武清研究表明，超声波、保鲜液复合预处理可明显延长切花菊及素心蜡梅的低温储藏；陈素梅等证实，该复合处理也提高了香石竹、月季切花的瓶插寿命和观赏品质。

辐射处理能有效地延长切花的保鲜期。邹伟民等用 ^{60}Co-γ 射线对玫瑰、菊花、大丽花等进行辐照后瓶插，发现可使切花保鲜期延长。

第三节　保鲜剂保鲜

一、切花保鲜剂的基本功能

1. 调节植物体内的酸碱度

保鲜剂可调节保鲜液至酸性或微酸性环境，有利于切花的切口不被微生物感染。一般要求达到 pH 3 ~ 4，目的是减少微生物繁殖，增加保鲜剂在花茎中的运输。

2. 拮抗衰老激素的作用

通过调节激素之间的平衡来延缓衰老，是鲜切花保鲜剂的重要功能之一。切花通常可分为乙烯跃变型和乙烯非跃变型两大类。其中，跃变型切花有满天星、香石竹、金鱼草、蝴蝶兰等。概括来讲，兰科、蔷薇科、锦葵科等的大多数植物，其衰老本身是花器产生的乙烯所导致的。因此，在鲜切花流通实践中用乙烯吸收剂去除乙烯；或者用乙烯合成抑制剂抑制乙烯的生产，可延缓切花的衰老。而百合科、菊科等的植物如菊花、唐菖蒲、千日红等属于非跃变型，通常对乙烯不敏感。对这类切花延缓衰老的关键措施不在于降低乙烯生产量或抑制乙烯的作用，而是促进花朵开放，防止茎叶黄化（高俊平，2002）。

3. 杀菌或抗菌

切花在栽培过程中，经常被微生物侵染，在采后流通过程中湿度较高，很容易蔓延。同时，鲜切花采收后，所侵染的微生物大量繁殖，会造成花茎导管堵塞，影响水分吸收，并产生乙烯和其他有毒物质，加速切花的衰老。

4. 延缓花叶褪色

鲜切花不论是花瓣还是叶片，一旦失去了固有特性的颜色，就失去了其观赏价值。在流通过程中，花瓣颜色容易产生变化，如香石竹红色花瓣在低温贮藏中失去光泽，变为暗淡；红色月季花瓣在瓶插过程中出现蓝变。花瓣中主要有两种色素，即类胡萝卜素和花色素苷，在花瓣衰老过程中，类胡萝卜素总含量降低，而花色素苷的变化无规律。

花色变化有时是因为色素本身发生氧化，如类胡萝卜素、花色素苷、黄酮类、酚类化合物氧化，造成鲜切花花瓣褐变或黑变。有时是代谢产物造成液泡 pH 值的变化。如蛋白质分解释放出自由氨，使 pH 值升高，花色素苷呈现蓝色，如月季、飞燕草、天竺葵红色蓝变；若衰老时液泡中的苹果酸、天门冬氨酸、酒石酸等有机酸含量增加，pH 值降低，花色素苷呈现红色，如三色牵牛花、矢车菊、倒挂金钟等蓝色红变。（胡绪岚，1995）。

叶片黄化，是叶片褪绿所致，有时是因自然衰老中叶绿素减少，有时是因光线不足使叶绿素无法再生。菊花和百合常常因叶片黄化而观赏价值降低。

5. 补充碳源

鲜切花采收太早或经过贮藏运输，由于缺乏足够的碳源（碳水化合物），导致开花困难甚至不能开花。所以，在保鲜剂中常常要加入糖来补充碳源。

6. 改善水分平衡

改善鲜切花的水分平衡，包括促进切口部位的水分吸收，促进水分在导管或管胞内的运输，以及调节蒸腾速率。其中促进水分吸收，主要通过杀菌剂或抗菌剂防止病菌在切口部位的侵染来实现；促进水分运输主要是通过表面活性剂降低水分在导管或管胞内的表面张力来实现；而调节蒸腾速率主要是通过植物生长调节剂对气孔开闭的调节来实现。

二、保鲜剂的种类

鲜切花保鲜剂（Preservative Solution of Cut Flowers），是以调节切花（切叶）生理代谢，达到人为调节切花衰老开花和衰老死亡进程，减少流通损耗和提高观赏质量为目的的化学药剂。

1. 预处液

在切花采收分级后、贮运或瓶插前进行预处理所用的保鲜

剂，其目的是促进花枝吸水、提供营养、灭菌，以及减少贮运中乙烯对切花的伤害。具体的处理方法有：吸水或硬化、脉冲或填充、茎基消毒等。例如，吸水就是用符合保鲜的水配制含有杀菌剂和柠檬酸的溶液，不加糖，pH 为 4.5 ~ 5.5，加入适量的润滑剂吐温-20（0.01% ~ 0.1%）装在容器中，先在室温下把切花花茎在 38 ~ 44 °C 热水中斜切，转移至同一温度的上述溶液中，溶液深 10 ~ 15 cm，浸泡几个小时，移至冷室中过夜，目的是使萎蔫的切花恢复新鲜。脉冲处理是把花茎下部放置于含有较高浓度的糖和杀菌剂溶液（又称为脉冲液）中数小时至 2 d，目的是为切花补充外来糖源，以延长瓶插寿命。

2. 催花液

又称开花液，促使蕾期采收的切花开放所用的保鲜液。蕾期采收，便于贮运，但开花时需要经催花液处理才能开花。催花液通常含有 2% ~ 10%的蔗糖和杀菌剂，催花过程应有较高的室温、相对湿度以及充分的光照（李永红等，2001）。

3. 瓶插液

又称保持液，是切花在瓶插观赏期所用的保鲜剂。一般含有 1.5% ~ 2.0%的蔗糖、200 $mg \cdot L^{-1}$ 杀菌剂、50 ~ 100 $mg \cdot L^{-1}$ 有机酸。

配制保鲜剂时有一个原则就是处理的时间越长，蔗糖浓度越低，即预处液处理时时间最长，催花液次之，瓶插液最短。

鲜切花保鲜剂的三种类型，各自有不同的用途。一般来讲，预处理液是根据不同鲜切花的特性研制的，不能混用。瓶插液是由花店或消费者自行研制的，花店和消费者瓶插的花量少、种类杂，不同切花可以通用。

三、保鲜剂的主要成分

1. 水

常用蒸馏水、去离子水等，自来水放置 1～2 d 也可。

2. 糖

糖类是目前使用的绝大多数的保鲜剂中都含有的成分。糖对切花有多种效应，它能提供能量、保护线粒体结构、推迟蛋白质水解、促进蛋白质和酞胺的合成、维持生物膜的完整性、推迟乙烯高峰的出现时期、降低过氧化物酶的活性、提高切花贮后的品质。蔗糖的使用浓度，因切花、保鲜剂的种类不同而不同，一般开花液、预处理液的处理时间短，使用的浓度较高；瓶插处理液，处理时间长，使用浓度低。糖对切花有多种效应，它是主要营养和能量来源，能提供呼吸基质，补充能量，改善切花营养状况，促进生命活动，增加呼吸速率；保护线粒体的结构，维持其功能；阻止蛋白质的分解，维持酞胺的合成；调节蒸腾作用和细胞渗透势，促进水分吸收和平衡；维持生物膜的完整性以及维持和改善植物体内激素的平衡（汪淑芬，1998）。

3. 杀菌剂

有害微生物在含糖保鲜液中繁殖，会堵塞花茎导管，妨碍切花吸水，而且微生物会产生乙烯和其他一些有毒物质，加速切花衰老。此外，在植物组织中，细菌还可增加切花在贮藏期间对低温的敏感性。使用杀菌剂，能调节植物机能，起到防腐保鲜作用。8-羟基喹啉柠檬酸（8-HQC）和 8-羟基喹啉硫酸盐（8-HQS）是一种广谱杀菌剂，对真菌和细菌都有强烈的杀伤作用，1×10^{-5} 时微生物的繁衍大大减少，1×10^{-4} 时大多数微生物被消灭；而 3×10^{-4} 或以上时，微生物完全被消灭（邱似德，1985）。

所有保鲜剂配方中都含有至少一种具有杀菌力的化合物。8-HQC和8-HQS均为切花保鲜剂中使用最普遍的药剂，对真菌和细菌都有强烈的杀伤和抑制作用。实验表明，8-HQ具有细胞分裂素的活性以及抑制乙烯生物合成的作用，并有效地抑制微生物的繁衍和生长，从而延缓了整个切花衰老过程。季胺化合物是更稳定、持久并且对花材不产生毒害作用的杀菌剂，已经被广泛地应用。季胺化合物是一种对花材不产生毒害作用，比羟基喹啉更稳定、持久的抗菌剂，这类化合物有正烷基二甲苄基氯化氨、月桂基二甲苄基氯化氨等。

4. 乙烯抑制剂和拮抗剂

乙烯抑制剂（如AVG、AOA、乙醇等）和拮抗剂（如Ag^+、STS、CO_2等）可以抑制乙烯的产生或干扰其作用。Sisler和Pian发现降冰片二烯（NBD）可以以竞争抑制方式抵消乙烯作用效果。$AgNO_3$和STS是较早使用的乙烯抑制剂，它们能和乙烯的受体结合，起到竞争性地抑制乙烯的作用。但由于Ag^+有一定的毒性，在现在的切花保鲜中使用频率越来越少。AVG、AOA为ACC合成酶的抑制剂，能抑制乙烯的合成。20世纪90年代末期，新型无毒的乙烯受体抑制剂1-甲基环丙烯（1-MCP）开始广泛地应用于百合鲜切花的商业销售，因为1-MCP能和乙烯竞争合成前体，降低乙烯释放的峰值，对于乙烯敏感性花卉具有良好的保鲜效果。

百合对乙烯敏感，硫代硫酸银处理能延长寿命。然而，Elgar等（1999）认为大多数品种不受乙烯的影响，只有少数品种对乙烯稍微敏感。即使球茎浸泡在STS中，采后寿命也会提高。浸泡处理可以保护花朵不受外源乙烯的影响，这与在STS溶液中放置茎干的情况类似（Sware，1980）。低光胁迫下的花蕾脱落导致了乙烯的分泌进化和作用。在实验中，将STS（$0.2\ mmol \cdot L^{-1}$）注射到花蕾中可以防止脱落（Van Meeteren and De Proft，1982），1-MCP 也可以有效防止因外源乙烯而导致的花蕾脱落和瓶插寿命下降（Celikel et al，2002）。

5. 无机盐

钾盐、钙盐、铜盐、镍盐和锌盐等很多无机盐能增加溶液的渗透势和花瓣细胞的膨压，抑制水溶液中微生物的活动，有利于花枝水分平衡的保持，延长瓶插寿命，如 0.1%的 $CaNO_3$，可延长球根切花的寿命。而铝盐对切花的作用是多方面的，它能降低溶液的 pH 值，抑制微生物生长，还能促进气孔关闭，降低蒸腾作用，促进水分平衡以及稳定切花组织中的花色素苷。

6. 植物生长调节物质

切花的衰老像其他生命过程一样，是通过激素平衡控制的，目前在切花保鲜上应用较广的生长调节物质是细胞分裂素类（CTK）。据研究，CTK 延缓切花衰老的作用在于能促进切花吸收水分，维持花瓣紧张度；抑制乙烯生成，降低切花对乙烯的敏感性，因而特别适用于延期贮藏和运输之前的切花处理。然而 CTK 延缓衰老的机制还不是很清楚，但有一些证据证明其在营养分配转移方面起重要作用（William G. et al，2003）。据报道，外供糖源可提高 CTK 的作用，因为植物体内的 CTK 可与糖形成细胞激动素-7-葡萄糖苷，成为植物代谢系统中稳定的具有较高生物活性的物质（罗红艺，1995）。另外，CTK 和 IAA 混合使用效果比单一使用要好，和矿质养分配合使用也可产生增效作用（沈成国，2001）。各种切花衰老时，脱落酸（ABA）均呈很高水平，高水平的 CTK 能抑制 ABA 而达到保鲜的目的。高水平的 GA 和玉米素（Z）能延长花的寿命，外源 6-苄基腺嘌呤（6-BA）和玉米素能有效延长兰花的寿命。CKT 和 GA 具有抑制切花呼吸，调节体内水

分代谢，清除体内自由基的作用，因而激动素（KT）、BA、异戊烯基腺苷（iPA）等可作为花瓣衰老延缓剂广泛使用（张微等，1991）。

Han（2001）通过在冷藏前或冷藏后给予切枝喷洒 BA 或 GA 防止叶黄化。这种化学物质不能逆转叶片黄化，因此必须在叶片为绿色时喷洒（Han，2001）。GA_{4+7} 比 GA_3 更有效（Ranwala and Miller，2002）。将冷藏后的百合花放在含有 2%糖的保鲜液中，可以增加花蕾的开放数量和花的色彩（Han，2003）。

7. 其　他

溶液的 pH 值对切花影响很大。据研究，低 pH 值溶液可以抑制微生物的生长，阻止花茎维管束堵塞，促进花枝吸水，因此很多保鲜剂配方中都加有酸物质。一般用酸性物质如柠檬酸来降低溶液的酸碱度（高勇等，1989）。另外，苯甲酸钠作为抗氧化剂和自由基清除剂，可减少切花乙烯产生，增加溶液的酸度，有利于延长一些切花的采后寿命。

铝离子可以降低溶液 pH 值，抑制菌类繁殖，促进花材吸水。常用的有 $Al_2(SO_4)_3$ 和 $AlK(SO_4)_2$。钾离子可以增加花瓣细胞的渗透浓度，促进水分平衡，延缓衰老过程。不同浓度的钙离子可以明显影响切花的衰老过程和切花体内的自由基代谢情况。

参考文献

[1] ARROM L, MUNNE-BOSCH S. Sucrose accelerates flower opening and delays senescence through a hormonal effect in cut lily flowers[J]. Plant Science, 2012(188-189): 41-47.

[2] 曹慧，王孝威，韩振海，等. 高等植物的细胞程序化死亡[J]. 中国农学通报，2004，20（1）：37-38.

[3] 刘岚，徐品三. 百合切花采后衰老生理的研究进展[J]. 北方园艺，2007（2）：57-59.

[4] 高勇. 月季切花水分平衡、鲜重变化和瓶插寿命的关系[J]. 江苏农业科技，1990（1）：46-48.

[5] 张英杰，李雯琪，刘晓华，等. 百合的春化机制研究进展[J]. 中国观赏园艺研究进展，2011：448-451.

[6] 周欢，谢磊，郭和蓉，等. 百合科植物组织培养研究进展[J]. 湖北农业科学，2010，49（5）：1232-1235.

[7] 王翊，马月萍，戴思兰. 观赏植物花期调控途径及其分子机制[J]. 植物学报，2010：641-653.

[8] 赵仲华，曾群，赵淑清. 植物春化作用的分子机理[J]. 植物学通报，2010，23（1）：60-62.

[9] SUH J K, WU X W, LEE A Y. Growth and flowering physiology and developing new technologies to increase the flower numbers in the genus Lilium[J]. Hort Environ Biotechnol, 2013, 54(5):

373-387.

[10] 吴中军，夏晶晖. 不同保鲜剂对桃花瓶插期间生理特性的影响[J]. 北方园艺，2009（11）：206-207.

[11] 夏晶晖. 碧桃采后衰老生理的研究[J]. 北方园艺，2010（17）：200-202.

[12] 夏晶晖. 8-羟基喹啉和柠檬酸对切花菊生理效应的影响[J]. 北方园艺，2010（9）：194-195.

[13] VAN DOORN W G. Water relations of cut flowers[J]. Hortic Rev, 2010(18): 1-10.

[14] BROSNAN T, SUN D W. Compensation for water loss in vacuum-precooled cut lily flowers[J]. J. agric. Engng Res, 2001, 79(3): 299-305.

[15] WOUTER G, VAN DOORN, HAN S S. Postharvest quality of cut lily flowers[J]. Postharvest and Technology, 2011(62):1-6.

[16] 何生根，冯常虎. 切花生产与保鲜[M]. 北京：中国农业出版社，2000.

[17] COOTS G D. Internal metabolic changes in cut flower[J]. Hort Sci, 1975(8): 195-198.

[18] 彭晓丽，饶景萍，张延龙. 外源水杨酸对“Prato”百合切花瓶插效果的影响[J]. 园艺学报，2007，34（1）：189-192.

[19] 伍培，周玉礼，郑洁. 红掌与非洲菊切花减压冷藏保鲜技术研究[J]. 现代商业，2010（20）：288.

[20] 夏晶晖. 水杨酸在切花菊保鲜中的应用[J]. 安徽农业科学，2009，37（31）：15397.

[21] LOCKE E L. Extending cut flower vase life by optimizing carbohydrate status: preharvest conditions and preservative solution[D]. Raleigh, NC: North Carolina State University, 2010.

[22] SANTOS M N D, MAPELI A M, TOLENTINO M M. Carbohydrate metabolism in floral structures of Lilium pumilum in different development stages[J]. CIENCIA RURAL, 2016, 46(7): 1142-1144.

[23] 高勇. 保鲜剂对月季切花采后呼吸作用及碳水化合物的影响[J]. 中国农业科学，1990，23（6）：87.

[24] 姜微波，孙自然，等. 采收时花序的发育程度对唐菖蒲切花的影响[J]. 植物生理学通讯，1988（5）：18-21.

[25] 姜微波，孙自然，等. 低温贮藏结合蔗糖处理对唐菖蒲切花的影响[J]. 园艺学报，1989，16（1）：63-67.

[26] 夏晶晖. 碧桃采后衰老生理研究[J]. 北方园艺，2010（7）：200-202.

[27] 刘雅莉，王飞. 百合花不同发育期生理变化与衰老关系的研究[J]. 西北农业大学学报，2000，28（1）：109-112.

[28] 张洁. 赤霉素预处理对“Sorbonne”百合切花衰老的影响[J]. 江西农业学报，2009，21（11）：48-49.

[29] 刘晓辉，杨明，杨泉女. 切花花瓣抗衰老研究[J]. 北方园艺，2011，2（1）：144-146.

[30] 夏晶晖，吴中军. 乙烯影响切花衰老的机理及调控措施[J]. 绵阳农业高等专科学校学报，1998，15（2）：27-29.

[31] 曲美美. 百合切花保鲜技术[D]. 哈尔滨：东北农业大学，2016.

[32] ELGAR J, WOOLF A B, BIELESKI R L. Ethylene production by three lily species and their response to ethylene exposure[J]. Postharvest Biology and Technology, 1999, 16(3）: 257-267.

[33] HAN S S, MILLER J A. Role of ethylene in postharvest quality of cut Oriental lily “Stargazer”[J]. Plant Growth Regul,

2003(40): 213-222.
[34] WOUTER G, VAN DOORN, HAN S S. Postharvest quality cut lily flower[J]. Postharvest Biology and Technology, 2011 (62): 1-6.
[35] LEE A K, SUH J K. Effect of harvest stage, pre- and post-harvest treatment on longevity of cut Lilium flowers[J]. Acta Hortic, 1996(414): 287-293.
[36] 李晓晨. 切花百合的病虫害防治[J]. 广西植保，2016，19（4）：26-28.
[37] 夏晶晖，任永波，等. 保鲜剂对切花百合的保鲜效果和生理作用[J]. 西昌学院学报(自然科学版)，2005，19(1)：27-28.
[38] 汤青川. 几种保鲜剂对东方百合切花保鲜效果的研究[J]. 青海大学学报（自然科学版），2005，23（4）：36-37.
[39] 宋丽莉，彭永宏. GA_3 预处理对冷藏百合切花花瓣衰老的影响[J]. 亚热带植物科学，2004，33（1）：8-11.
[40] 耿兴敏，丁彦芬，裘建宇. 6-BA 不同处理方式对百合切花保鲜效果的影响[J]. 江苏林业科技，2010，37（5）：14-21.
[41] 蒋倩. 6-BA 对百合切花保鲜效果的影响[J]. 甘肃科技，2009，25（11）：148-150.
[42] 刘丽，曾长立，等. 6-BA 和 GA_3 配伍对百合切花保鲜效果的影响[J]. 江汉大学学报（自然科学版），2009，37（2）：102-105.
[43] 杨秋生，黄晓书，等. 不同温度对贮藏百合切花内源激素水平变化的影响[J]. 河南农业大学学报，1996，30（3）：203-205.
[44] 高勇，吴绍锦. 乙烯与切花的衰老及保鲜[J]. 植物生理通讯，1988（4）：5-10.

[45] SONG C, BANG C, CHUNG S, et al. Effects of postharvest pretreatments and preservative solutions on vase life and flower quality of Asiatic hybrid lily[J]. Acta Hortic, 1996, 414; 277-285.
[46] ARROM L, MUNNÉ-BOSCH S. Sucrose accelerates flower opening and delays senescence through a hormonal effect in cut lily flowers[J]. Plant Science, 2012(188): 41-47.
[47] ARROM L, MUNNÉ-BOSCH S. Hormonal regulation of leaf senescence in *Lilium*[J]. Journal of Plant Physiology, 2012, 169(15): 1542-1550.
[48] 李永红，谢利娟，等. 大宗切花保鲜实用技术[M]. 贵阳：贵阳科技出版社，2001.
[49] 何生根，冯常虎. 切花生产技术与保鲜[M]. 北京：中国农业出版社，2000.
[50] 张微，张慧，等. 九种花衰老基因的研究[J]. 植物学报，1991，33（6）：429-436.
[51] 高俊平. 切花衰老和乙烯[M]//园艺学年评. 北京：科学出版社，1995.
[52] 朱西儒，曾宋君. 商品花卉生产及保鲜技术[M]. 广州：华南理工大学出版社，2001：118-205，289-341.
[53] HPIKNS W G, HUNER N P A. Introduction to plant Physiol[M]. 3rd ed. Hoboken, N J: John Wiley & Sons Inc., 2003: 360-366.
[54] 汪淑芬. 四季养花[M]. 成都：四川大学出版社，1998：125-137.
[55] 邱似德，梁元冈. 切花的采后生理与保鲜[J]. 植物生理学通讯，1985（3）：1-6.
[56] 罗红艺，康忠汉. 不同保鲜剂对金盏菊切花保鲜效果的研究

[J]. 华中师范大学学报（自然科学版），1995，29（4）：498-501.
[57] 沈成国. 植物衰老生理与分子生物学[M]. 北京：农业出版社，2001：101-103，236-237，323-330.
[58] 张微，张慧，谷祝平，等. 九种花衰老原因的研究[J]. 植物学报，1991，33（6）：429-436.
[59] 高勇，吴绍锦. 切花保鲜剂研究综述[J]. 园艺学报，1989，16（2）：239-145.
[60] 高俊平. 观赏植物采后生理与技术[M]. 北京：中国农业出版社，2002：87-92.
[61] 周厚高，江如蓝，王凤兰，等. 百合[M]. 广州：广东科技出版社，2004：86-92.
[62] 魏和平，程滨，张远兵. 鲜切花生产及保鲜[M]. 合肥：合肥工业大学出版社，2009：92-103.
[63] FANOURAKIS, CARVALHO, ALMEIDA, et al. Postharvest water relations in cut rose cultivars with contrating sensitivity to high relative air humidity during growth[J]. Postharvest Biology and Technology, 2012, 64: 64-73.
[64] HWANG, LEE P O, LEE H S, et al. Flower bud abscission triggered by the anther in the Asiatic hybrid lily[J].Postharvest Biology and Technology, 2014, 239: 277-297.
[65] SHAHRI W, TAHIR I. Flower senescence: some molecular aspects[J]. Planta, 2014, 239: 277-297.
[66] 陈莉. 植物生物工艺学[M]. 北京：中国农业出版社，2011：106-108.
[67] 高彦仪，高波. 食用百合栽培技术[M]. 北京：金盾出版社，2010：80-95.
[68] AHMADI N, MIBUS H, SEREK M. Isolation of an ethylene

induced putative nucleotide laccase in miniature roses (*Rosa hybrida* L.)[J]. J Plant Growth Regul, 2008, 27: 320-330.

[69] ALEXANDER L, GRIERSON D. Ethylene biosynthesis and action in tomato: a model for climacteric fruit ripening[J]. J Exp Bot, (2002), 53: 2039-2055.

[70] ALONSO J M, HIRAYAMA T, ROMAN G, et al. EIN2, a bifunctional transducer of ethylene and stress responses in *Arabidopsis*[J]. Science, 1999, 284:2148-2152.

[71] ALONSO J M, STEPANOVA A N, SOLANO R, et al. Five components of the ethylene-response pathway identified in a screen for weak ethylene-insensitive mutants in *Arabidopsis*[J]. Proc Natl Acad Sci USA, 2003, 100(5): 2992-2997.

[72] AN F, ZHAO Q, JI Y, et al. Ethylene-induced stabilization of ETHYLENE INSENSITIVE3 and EIN3-LIKE1 is mediated by proteasomal degradation of EIN3 binding F-Box 1 and 2 that requires EIN2 in *Arabidopsis*[J]. Plant Cell, 2010, 22: 2384-2401.

[73] ANDERSSON A, KESKITALO J, SJÖDIN A, et al. A transcriptional timetable of autumn senescence[J]. Genome Biol, 2004, 5: 24.

[74] ARAVIND L, PONTING C P. The GAF-domain- an evolutionary link between diverse phototransduction proteins [J]. Trends Biochem Sci, 1997, 22: 458-459.

[75] AZEEZ A, SANE A P, TRIPATHI S K, et al. The gladiolus *GgEXPA1* is a GA-responsive alpha-expansin gene expressed ubiquitously during expansion of all floral tissues and leaves but repressed during organ senescence[J]. Postharvest Biol

Technol, 2010, 58: 48-56.

[76] BALAZADEH S, RIAÑO-PACHÓN D M, MUELLER- ROEBER B. Transcription factors regulating leaf senescence in *Arabidopsis thaliana*[J]. Plant Biol, 2008, 10: 136-147.

[77] BALAZADEH S, SIDDIQUI H, ALLU A D, et al. A gene regulatory network controlled by the NAC transcription factor ANAC092/AtNAC2/ORE1 during salt-promoted senescence[J]. Plant J, 2010, 62: 250-264.

[78] BISHOPP A, MÄHÖNEN A P, HELARIUTTA Y. Signs of change: hormone receptors that regulate plant development[J]. Development, 2006, 133: 1857-1869.

[79] BISSON M M, BLECKMANN A, ALLEKOTTE S, et al. EIN2, the central regulator of ethylene signalling, is localized at the ER membrane where it interacts with the ethylene receptor ETR1[J]. Biochem J, 2009, 424: 1-6.

[80] BLEECKER A B, SCHALLER G E. The mechanism of ethylene perception in plants[J]. Plant Physiol, 1996, 111: 650-660.

[81] BLEECKER A B, ESCH J J, HALL A E, et al. The ethylene-receptor family from *Arabidopsis*: structure and function[J]. Philosoph Trans Royal Soc Lond B Biol Sci, 1998, 353: 1405-1412.

[82] BREEZE E, WAGSTAFF C, HARRISON E, et al. Gene expression patterns to define stages of post-harvest senescence in *Alstroemeria* petals[J]. Plant Biotechnol J, 2004, 2: 155-168.

[83] BUCHANAN-WOLLASTON V, PAGE T, HARRISON E, et al. Comparative transcriptome analysis reveals significant differences in gene expression and signalling pathways between developmental

and dark/starvation-induced senescence in *Arabidopsis*[J]. Plant J, 2005, 42: 567-585.

[84] BUI A Q, ÒNEILL S D. Three 1-aminocyclopropane-1-carboxylate synthase genes regulated by primary and secondary pollination signals in orchid flowers[J]. Plant Physiol, 1998, 116: 419-428.

[85] CHANG C, KWOK S F, BLEECKER A B, et al. *Arabidopsis* ethylene response gene *ETR1*-similarity of product to 2-component regulators[J]. Science, 1993, 262: 539-544.

[86] CHANNELIÈRE S, RIVIÈRE S, SCALLIET G, et al. Analysis of gene expression in rose petals using expressed sequence tags[J]. FEBS Lett, 2002, 515: 35-38.

[87] CHAO Q, ROTHENBURG M, SOLANO R, et al. Activation of the ethylene gas response pathway in *Arabidopsis* by the nuclear protein *ETHYLENE-INSENSITIVE3* and related proteins[J]. Cell, 1997, 89: 1133-1144.

[88] CHEN Y F, ETHERIDGE N, SCHALLER G E. Ethylene signal transduction[J]. Ann Bot, 2005, 95: 901-915.

[89] CHEN M K, LEE P F, YANG C H. Delay of flower senescence and abscission in *Arabidopsis* transformed with a FOREVER YOUNG FLOWER homolog from *Oncidium* orchid[J]. Plant Signal Behav, 2011, 6: 1841-1843.

[90] COSGROVE D J. Enzymes and other agents that enhance cell wall extensibility[J]. Ann Rev Plant Physiol Plant Mol Biol, 1999, 50: 391-417.

[91] COSGROVE D J. Cell wall loosening by expansins[J]. Plant Physiol, 1999, 118: 333-339.

[92] COSGROVE D J. New genes and new biological roles for

expansins[J]. Curr Opin Plant Biol, 2000, 3: 73-78.

[93] COSGROVE D J. Loosening of plant cell walls by expansins[J]. Nature, 2000, 407: 321-326.

[94] COUPE S A, WATSON L M, RYAN D J, et al. Molecular analysis of programmed cell death during senescence in *Arabidopsis thaliana* and *Brassica oleracea*: cloning broccoli *LSD1*, Bax inhibitor and serine palmitoyltransferase homologues [J]. J Exp Bot, 2004, 55: 59-68.

[95] EASON J R. Molecular an genetic apects of flower senescence[J]. Stewart Postharvest Rev, 2006, 2: 1-7.

[96] EASON J R, RYAN D J, PINKNEY T T, et al. Programmed cell death during flower senescence: isolation and characterization of cysteine proteinases from *Sandersoniaaurantiaca*[J]. Funct Plant Biol, 2002, 29: 1055-1064.

[97] ELANCHEZHIAN R, SRIVASTAVA G C. Physiological responses of chrysanthemum petals during senescence[J]. Biol Plant, 2001, 44: 411-415.

[98] FANG S C, FERNANDEZ D E. Effect of regulated over expression of the MADS domain factor *AGL15* on flower senescence and fruit maturation[J]. Plant Physiol, 2002, 130: 78-89.

[99] FARAGE-BARHOM S, BURD S, SONEGO L, et al. Expression analysis of the *BFN1* nuclease gene promoter during senescence, abscission, and programmed cell death-related processes[J]. J Exp Bot, 2008, 59: 3247-3258.

[100] FARAGE-BARHOM S, BURD S, SONEGA L, et al. Localization of the Arabidopsis senescence and cell death-

associated *BFN1* nuclease: from the ER to fragmented nuclei[J]. Mol Plant, 2011, 4: 1062-1073.

[101] FERNÁNDEZ-OTERO C, MATILLA A J, RASORI A, et al. Regulation of ethylene biosynthesis in reproductive organs of damson plum (*Prunus domestica* L. Subsp. Syriaca)[J]. Plant Sci, 2006, 171: 74-83.

[102] FU Z, WANG H, LIU J, et al. Cloning and characterization of a *DCEIN2* gene responsive to ethylene and sucrose in cut flower carnation[J]. Plant cell Tissue Organ Culture, 2011, 105: 447-455.

[103] FU Z D, WANG H N, LIU J X, et al. Molecular cloning and characterization of carnation *EBF1* gene during flower senescence and upon ethylene exposure and sugar[J]. Agric Sci China, 2011, 12: 1872-1880.

[104] GAGNE J M, SMALLE J, GINGERICH D J, et al. *Arabidopsis EIN3*-binding F-box 1 and 2 form ubiquitin-protein ligases that repress ethylene action and promote growth by directing *EIN3* degradation[J]. Proc Nat Acad Sci USA, 2004, 101: 6803-6808.

[105] GAO Z, CHEN Y F, RANDLETT M D, et al. Localization of the Raf-like kinase *CTR1* to the endoplasmic reticulum of *Arabidopsis* through participation in ethylene receptor signaling complexes[J]. J Biol Chem, 2003, 278: 34725-34732.

[106] GOUJON T, MINIC Z, EL AMRANI A, et al. *AtBXL1*, a novel higher plant (*Arabidopsis thaliana*) putative beta-xylosidase gene, is involved in secondary cell wall metabolism and plant

development[J]. Plant J, 2003, 33: 677-690.

[107] GUERRERO C, DE LA CALLE M, REID M S, et al. Analysis of the expression of two thiol protease genes from day lily (*Hemerocallis*) during flower senescence[J]. Plant Mol Biol, 1998, 36: 565-571.

[108] GUO H, ECKER J R. Plant responses to ethylene gas are mediated by *SCF (EBF1/EBF2)* -dependent proteolysis of *EIN3* transcription factor[J]. Cell, 2003, 115: 667-677.

[109] GUO H, ECKER J R. The ethylene signaling pathway: new insights[J]. CurrOpin Plant Biol, 2004, 7: 40-49.

[110] GUO Y, GAN S. *AtNAP*, a NAC family transcription factor, has an important role in leaf senescence[J]. Plant J, 2006, 46: 601-612.

[111] GUO Y, CAI Z, GAN S. Transcriptome of Arabidopsis leaf senescence[J]. Plant Cell Environ, 2004, 27: 521-549.

[112] GUZMAN P, ECKER J R. Exploiting the triple response of Arabidopsis to identify ethylene-related mutants[J]. Plant Cell, 1990, 2: 513-523.

[113] HAJIZADEH H, RAZAVI K, MOSTOFI Y, et al. Expression of genes encoding protein kinases during flower opening in two cut rose cultivars with different longevity[J]. Iran J Biotechno, 2011, 19: 230-233.

[114] HAJIZADEH H, RAZAVI K, MOSTOFI Y, et al. Identification and characterization of genes differentially displayed in *Rosa hybrida* petals during flower senescence[J]. Scientia Hortic, 2011, 128: 320-324.

[115] HAO D, OHME-TAKAGI M, SARAI A. Unique Mode of GCC

Box recognition by the DNA-binding domain of Ethylene-responsive element-binding Factor (ERF Domain) in Plant[J]. J Biol Chem, 1998, 273: 26857-26861.

[116] HARADA T, MURAKOSHI Y, TORIL Y, et al. Analysis of genomic DNA of *DcACS1*, a 1-aminocyclopropane-1-carboxylate synthase gene, expressed in senescing petals of carnation (*Dianthus caryophyllus*) and its orthologous genes in *D. superbus* var. longicalycinus[J]. Plant Cell Rep, 2011, 30: 519-527.

[117] HARADA T, TORIL Y, MORITA S, et al. Cloning, characterization, and expression of xyloglucan endotransglucosylase/hydrolase and expansin genes associated with petal growth and development during carnation flower opening[J]. J Exp Bot, 2011, 62: 815-823.

[118] HATSUGAI N, KUROYANAGI M, NISHIMURA M, et al. A cellular suicide strategy of plants: vacuole-mediated cell death[J]. Apoptosis, 2006, 11: 905-911.

[119] HAVE A T, WOLTERING E J. Ethylene biosynthetic genes are differentially expressed during carnation (*Dianthus caryophyllus* L.) flower senescence[J]. Plant Mol Bio, 1997, 134: 89-97.

[120] HE Y, TANG W, SWAIN J D, et al. Networking senescence-regulating pathways by using Arabidopsis enhancer trap lines[J]. Plant Physiol, 2001, 126: 707-716.

[121] HENSKENS J A M, ROUWENDAL G J A, HAVE T, et al. Molecular cloning of two different ACC synthase PCR fragments in carnation flowers and organ-specific expression of the corresponding genes[J]. Plant Mol Biol, 1994, 26:

453-458.

[122] HIRAYAMA T, KIEBER J J, HIRAYAMA N, et al. *Response-to-antagonist1*, a Menkes/Wilson disease-related copper transporter, is required for ethylene signaling in Arabidopsis[J]. Cell, 1999, 97: 383-393.

[123] HOEBERICHTS F A, VAN DOORN W G, VAN WORDRAGEN M, et al. cDNA microarray analysis of carnation petal senescence.//VENDRELL, et al. Biology and biotechnology of the plant hormone ethylene Ⅲ. IOS[M] Press, Amsterdam, 2003: 345-350.

[124] HOEBERICHTS F A, DE JONG A J, WOLTERING E J. Apoptotic-like cell death marks the early stages of gypsophila (*Gypsophila paniculata*) petal senescence[J]. Postharvest Biol Technol, 2005, 35: 229-236.

[125] HOEBERICHTS F A, VAN DOORN W G, VORST O, et al. Sucrose prevents upregulation of senescence-associated genes in carnation petals[J]. J Exp Bot, 2007, 58: 2873-2885.

[126] HONG Y, WANG T W, HUDAK K A, et al. An ethylene-induced cDNA encoding like a lipase expressed at the onset of senescence[J]. Proc Nat Acad Sci USA, 2000, 97: 8717-8722.

[127] HU J, AGUIRRE M, PETO C, et al. A role for peroxisomes in photomorphogenesis and development of *Arabidopsis*[J]. Science, 2002, 297: 405-409.

[128] HUA J, MEYEROWITZ E M. Ethylene responses are negatively regulated by a receptor gene family in *Arabidopsis thaliana*[J]. Cell, 1998, 94: 261-271.

[129] HUA J, CHANG C, SUN Q, et al. Ethylene insensitivity

conferred by *Arabidopsis* ERS gene[J]. Science, 1995, 269: 1712-1714.

[130] HUA J, SAKAI H, NOURIZADEH S, et al. *EIN4* and *ERS2* are members of the putative ethylene receptor gene family in *Arabidopsis*[J]. Plant Cell, 1998, 10: 1321-1332.

[131] HUANG W F, HUANG P L, DO Y Y. Ethylene receptor transcript accumulation patterns during flower senescence in *Oncidium* Gower Ramsey' as affected by exogenous ethylene and pollinia cap dislodgement[J]. Postharvest Biol Technol, 2007, 44: 87-94.

[132] HÜCKELHOVEN R. BAX Inhibitor-1, an ancient cell death suppressor in animals and plants with prokaryotic relatives[J]. Apoptosis, 2004, 9: 299-307.

[133] HUNTER D A, REID M S. Senescence-associated gene expressions in *Narcissus* 'Dutch Master'[J]. Acta Hortic, 2001, 553: 341-344.

[134] HUNTER D A, STEELE B C, REID M S. Identification of genes associated with perianth senescence in daffodil (*Narcissus pseudonarcissus* L. 'Dutch Master')[J]. Plant Sci, 2002, 163: 13-21.

[135] IORDACHESCU M, VERLINDEN S. Transcriptional regulation of three EIN3-like genes of carnation (Dianthus caryophyllus L. cv. Improved White Sim) during flower development and upon wounding, pollination, and ethylene exposure[J]. J Exp Bot, 2005, 56: 2011-2018.

[136] IORDACHESCU M, BOWMAN H, SASAKI K, et al. Subcellular localization and changes in mRNA abundance of

CEBP, a nuclear-encoded chloroplast protein, during flower development and senescence[J]. J Plant Biol, 2009, 52: 365-373.

[137] ISHIKAWA T, WATANABE N, NAGANO M, et al. Baxinhibitor-1: a highly conserved endoplasmic reticulum-resident cell death suppressor[J]. Cell Death Differ, 2011, 18: 1271-1278.

[138] ITO J, FUKUDA H. ZEN1 is a key enzyme in the degradation of nuclear DNA during programmed cell death of tracheary elements[J]. Plant Cell, 2002, 14: 3201-3211.

[139] ITZHAKI H, MAXSON J M, WOODSON W R. An ethylene-responsive enhancer element is involved in the senescence-related expression of the carnation glutathione-S-transferase (*GST1*) gene[J]. Proc Nat Acad Sci USA, 1994, 9: 8925-8929.

[140] JOHNSON K L, JONES B J, BACIC A, et al. The fasciclin-like arabinogalactan proteins of arabidopsis: a multigene family of putative cell adhesion molecules[J]. Plant Physiol, 2003, 133: 1911-1925.

[141] JONES M L. Ethylene biosynthetic genes are differentially regulated by ethylene and ACC in carnation styles[J]. Plant Growth Regul, 2003, 40: 129-138.

[142] JONES M L, LARSEN P B, WOODSON W R. Ethylene-regulated expression of a carnation cysteine proteinase during flower petal senescence[J]. Plant Mol Biol, 1995, 28: 505-512.

[143] JONES M L, CHAFFIN G S, EASON J R, et al. Ethylene-

sensitivity regulates proteolytic activity and cysteine protease gene expression in *Petunia* corollas[J]. J Exp Bot, 2005, 56: 2733-2744.

[144] JU C, YOON G M, SHEMANSKY J M, et al. CTR1 phosphorylates the centralregulator EIN2 to control ethylene hormone signaling from the ER membrane to the nucleus in *Arabidopsis*[J]. PNAS USA, 2012, 109: 19486-19491.

[145] KAUFMANN K, MUIÑO J M, JAUREGUI R, et al. Target genes of the MADS transcription factor *SEPALLATA3*: integration of developmental and hormonal pathways in the *Arabidopsis* flower[J]. PLoS Biol, 2009, 7: e1000090.

[146] KEHOE D M, GROSSMAN E R. Similarity of a chromatic adaptation sensor to phytochrome and ethylene receptors[J]. Science, 1996, 273: 1409-1412.

[147] KIEBER J J, ROTHENBERG M, ROMAN G, et al. *CTR1*, a negative regulator of the ethylene response pathway in *Arabidopsis*, encodes a member of the raf family of protein kinases[J]. Cell, 1993, 72: 427-441.

[148] KLEE H J. Control of ethylene-mediated processes in tomato at the level of receptors[J]. J Exp Bot, 2002, 53: 2057-2063.

[149] KO J H, YANG S H, HAN K H. Upregulation of an *Arabidopsis* RING-H2 gene, *XERICO*, confers drought tolerance through increased abscisic acid biosynthesis[J]. Plant J, 2006, 47: 343-355.

[150] KONISHI M, YANAGISAWA S. Ethylene signaling in *Arabidopsis* involves feedback regulation via the elaborate control of *EBF2* expression by *EIN3*[J]. Plant J, 2008, 55:

821-831.

[151] KOSSLAK R M, CHAMBERLIN M A, PALMER R G, et al. Programmed cell death in the root cortex of soyabean*root necrosis* mutants[J]. Plant J, 1997, 11: 729-745.

[152] KUANG J F, CHEN J Y, LUO M, et al. Histone deacetylase *HD2* interacts with *ERF1* and is involved in longan fruit senescence[J]. J Exp Bot, 2012, 63: 441-454.

[153] KUBO M, UDAGAWA M, NISHIKUBO N, et al. Transcription switches for protoxylem and metaxylem vessel formation[J]. Genes Dev, 2005, 19: 1855-1860.

[154] KURODA S, HAKATA M, HIROSE Y, et al. Ethylene production and enhanced transcription of an ethylene receptor gene, *ERS1*, in *Delphinium* during abscission of florets[J]. Plant Physiol Biochem, 2003, 41: 812-820.

[155] KURODA S, HIROSE Y, SHIRAISHI M, et al. Co-expression of an ethylene receptor gene, *ERS1*, and ethylene signaling regulator gene, *CTR1* in *Delphinium* during abscission of florets[J]. Plant PhysiolBiochem, 2004, 42: 745-751.

[156] LAM E, KATO N, LAWTON M. Programmed cell death, mitochondria and the plant hypersensitive response[J]. Nature, 2001, 411: 848-853.

[157] LANGSTON B J, BAI S, JONES M L. Increases in DNA fragmentation and induction of a senescence-specific nuclease are delayed during corolla senescence in ethylene-insensitive (etr1-1) transgenic petunias[J]. J Exp Bot, 2005, 56: 15-23.

[158] LASHBROOK C C, TIEMAN D M, KLEE H J. Differential regulation of the tomato *ETR* gene family throughout plant

development[J]. Plant J, 1995, 15: 243-252.

[159] LAWTON K, RAGHOTHAMA K G, GOLDSBROUGH P B, et al. Regulation of senescence-related gene expression in carnation flower petals by ethylene[J]. Plant Physiol, 1990, 93: 1370-1375.

[160] LECLERCQ J, ADAMS-PHILLIPS L C, ZEGZOUTI H, et al. *LeCTR1*, a tomato *CTR1*-like gene, demonstrates ethylene signaling ability in *Arabidopsis* and novel expression patterns in tomato[J]. Plant Physiol, 2002, 130: 1132-1142.

[161] LEE Y H, CHUN J Y. A new homeodomain-leucine zipper gene from *Arabidopsis thaliana* induced by water stress and abscisic acid treatment[J]. Plant Mol Biol, 1998, 37: 377-384.

[162] LI H, GUO H. Molecular basis of the ethylene signaling and response pathway in *Arabidopsis*[J]. Plant Growth Regul, 2007, 26: 106-117.

[163] LI Y, SUGIURA M. Three distinct ribonucleoproteins from tobacco chloroplasts: each contains a unique amino terminalacidic domain and two ribonucleoprotein consensus motifs[J]. EMBO J, 1990, 9: 3059-3066.

[164] LIN J F, WU S H. Molecular events in senescing *Arabidopsis* leaves[J]. Plant J, 2004, 39: 612-628.

[165] LIN Z, HACKETT R M, PAYTON P, et al. A tomato sequence (AJ005077) encoding an *Arabidopsis CTR1* homologue[J]. Plant Physiol, 1998, 117: 1126.

[166] LIN Z, ALEXANDER L, HACKETT R, et al. *LeCTR2*, a CTR1-like protein kinase from tomato, plays a role in ethylene signalling, development and defence[J]. Plant J,

2008, 54: 1083-1093.

[167] LIU J, LI J, WANG H, et al. Identification and expression analysis of ERF transcription factor genes in petunia during flower senescence and in response to hormone treatments[J]. J Exp Bot, 2011, 62: 825-840.

[168] LORENZO O, PIQUERAS R, SÁNCHEZ-SERRANO J J, et al. *ETHYLENE RESPONSE FACTOR1* integrates signals from ethylene and jasmonate pathways in plant defense[J]. Plant Cell, 2003, 15: 165-178.

[169] LORICK K L, JENSEN J P, FANG S, et al. RING fingers mediate ubiquitin-conjugating enzyme (E2)-dependent ubiquitination [J]. Proc National Acad Sci USA, 1999, 96: 11364-11369.

[170] MA N, CAI L, LU W J, et al. Exogenous ethylene influences flower opening of cut roses (*Rosa hybrida*) by regulating the genes encoding ethylene biosynthesis enzymes[J]. Scientia China C Life Sci, 2005, 48: 434-444.

[171] MA N, TAN H, LIU X H, et al. Transcriptional regulation of ethylene receptor and CTR genes involved in ethylene-induced flower opening in cut rose (*Rosa hybrida*) cv. Samantha[J]. J Exp Bot, 2006, 57: 2763-2773.

[172] MANZANO S, GÓMEZ P, GARRIDO D, et al. Cloning and characterization of a *CTR1*-like gene in *Cucurbita pepo*[J].// PITRAT M. Proceedings of IX EUCARPIA Meeting, AviGnon, 2008: 575-580.

[173] MAXSON J M, WOODSON W R. Cloning of a DNA-binding protein that interacts with the ethylene-responsive enhancer element of the carnation *GST1* gene[J]. Plant Mol Biol, 1996,

31: 751-759.

[174] MEHTA K, HALE T I, CHRISTEN P. Evolutionary relationships among aminotransferases[J]. Eur J Biochem, 1989, 189: 249-253.

[175] MEYER R C, GOLDSBROUGH P B, WOODSON W R. An ethyleneresponsive flower senescence-related gene from carnation encodes a protein homologous to glutathione-s-transferases[J]. Plant Mol Biol, 1991, 17: 277-281.

[176] MITA S, KAWAMURA S, YAMAWAKI K, et al. Differential expression of genes involved in the biosynthesis and perception of ethylene during ripening of passion fruit[J]. Plant Cell Physiol, 1998, 39: 1209-1217.

[177] MIZOGUCHI T, IRIE K, HIRAYAMA T, et al. A gene encoding a mitogen-activated protein kinase kinasekinase is induced simultaneously with genes for a mitogen-activated protein kinase by touch, cold, and water stress in *Arabidopsis thaliana*[J]. Proc Nat Acad Sci USA, 1996, 93: 765-769.

[178] MOLNAR G, BANCOS S, NAGY F, et al. Characterisation of *BRH1*, a brassinosteroid-responsive RING-H2 gene from *Arabidopsis thaliana*[J]. Planta, 2002, 215: 127-133.

[179] MONTGOMERY J, GOLDMAN S, DEIKMAN J, et al. Identification of an ethylene-responsive region in the promoter of a fruit ripening gene[J]. Proc Nat Acad Sci USA, 1993, 90: 5939-5943.

[180] MÜLLER R, STUMMANN B M, SEREK M. Characterization of an ethylene receptor family with differential expression in rose (*Rosa hybrida L.*) flowers[J]. Plant Cell Rep, 2000, 19:

1232-1239.

[181] MÜLLER R, STUMMANN B M, SISLER E C, et al. Cultivar differences in regulation of ethylene production in miniature rose flowers (*Rosa hybrida* L.)[J]. Gartenbauw, 2001, 1: 34-38.

[182] NAKANO T, SUZUKI K, FUJIMURA T, et al. Genome wide analysis of the ERF gene family in *Arabidopsis* and rice[J]. Plant Physiol, 2006, 140: 411-432.

[183] NARUMI T, SUDO R, SATOH S. Cloning and characterization of a cDNA encoding a putative nuclease related to petal senescence in carnation (Dianthus caryophyllus L.) flowers[J]. J Jap Soc Hortic Sci, 2006, 75: 323-327.

[184] NOH Y S, AMASINO R M. Regulation of developmental senescence is conserved between *Arabidopsis* and *Brassica napus*[J]. Plant Mol Biol, 1999, 41: 195-206.

[185] O'Donoghue E M, Somerfield S D, Watson LM, et al. Galactose metabolism in cell walls of opening and senescing petunia petals[J]. Planta, 2009, 229: 709-721.

[186] OLMENDO G, GUO H, GREGORY B D, et al. *ETHYLENE-INSENSITIVE5* encodes a 5′-3′ exoribonuclease required for regulation of the EIN3-targeting F-box proteins EBF1/2[J]. Proc Nat Acad Sci USA, 2006, 103: 13286-13293.

[187] PARK K Y, DRORY A, WOODSON W R. Molecular cloning of an 1-aminocyclopropane-1-carboxylate synthase from senescing carnation flower petals[J]. Plant Mol Biol, 1992, 18: 377-386.

[188] PEREZ-AMADOR M A, ABLER M L, DE ROCHER E J, et al. Identification of *BFN1*, a bifunctional nuclease induced

during leaf and stem senescence in *Arabidopsis*[J]. Plant Physiol, 2000, 122: 169-179.

[189] PRICE A M, AROS ORELLANA D F, SALLEH F M, et al. A comparison of leaf and petal senescence in wall flower reveals common and distinct patterns of gene expression and physiology[J]. Plant Physiol, 2008, 147: 1898-1912.

[190] QIAO H, CHANG K N, YAZAKI J, et al. Interplay between ethylene, ETP1/ETP2 F-box proteins, and degradation of EIN2 triggers ethylene responses in *Arabidopsis*[J]. Genes Dev, 2009, 23: 512-521.

[191] RODRIGUEZ F I, ESCH J J, HALL A E, et al. A copper cofactor for the ethylene receptor *ETR1* from *Arabidopsis*[J]. Science, 1999, 283: 996-998.

[192] ROMAN G, LUBARSKY B, KIEBER J J, et al. Genetic analysis of ethylene signal transduction in *Arabidopsis thaliana*: five novel mutant loci integrated into a stress response pathway[J]. Genetics, 1995, 139: 1393-1409.

[193] SATO-NARA K, YUHASHI K, HIGASHI K, et al. Stage-and tissue-specific expression of ethylene receptor homolog genes during fruit development in muskmelon[J]. Plant Physiol, 1999, 120: 321-329.

[194] SCHNELL J D, HICKE L. Non-traditional functions of ubiquitin and ubiquitin-binding proteins[J]. J Biol Chem, 2003, 278: 35857-35860.

[195] SHI H, KIM Y S, GUO Y, et al. The *Arabidopsis SOS5* locus encodes a putative cell surface adhesion protein and is required for normal cell expansion[J]. Plant Cell, 2003, 15:

19-32.

[196] SOLANO R, STEPANOVA A, CHAO Q, et al. Nuclear events in ethylene signaling: a transcription cascade mediated by *ETHYLENE-INSENSITIVE3* and *ETHYLENE-RESPONSE-FACTOR1* [J]. Genes Dev, 1998, 12: 3703-3714.

[197] STONE S, HAUKSDÓTTIR H, TROY A, et al. Functional analysis of the RING-type ubiquitin ligase family of *Arabidopsis*[J]. Plant Physiol, 2005, 137: 13-30.

[198] TIEMAN D M, KLEE H J. Differential expression of two novel members of the tomato ethylene-receptor family[J]. Plant Physiol, 1999, 120: 165-172.

[199] VALPUESTA V, LANGE N E, GUERRERO C, et al. Up-regulation of a cysteine protease accompanies the ethylene-insensitive senescence of day lily (*Hemerocallis*) flowers[J]. Plant Mol Biol, 1995, 28: 575-582.

[200] VAN DOORN W G, WOLTERING E J. Physiology and molecular biology of petal senescence[J]. J Exp Bot, 2008, 59: 453-480.

[201] VERLINDEN S, BOATRIGHT J, WOODSON W R. Changes in ethylene responsiveness of senescence-related genes during carnation flower development[J]. Physiol Plant, 2002, 116: 503-511.

[202] WAGNER U, EDWARDS R, DIXON D P, et al. Probing the diversity of the *Arabidopsis* glutathione S-transferase gene family[J]. Plant Mol Biol, 2002, 49: 515-532.

[203] WAGSTAFF C, BRAMKE I, BREEZE E, et al. A specific group of genes respond to cold dehydration stress in cut

Alstroemeria flowers whereas ambient dehydration stress accelerates developmental senescence expression patterns[J]. J Exp Bot, 2010, 61: 2905-2910.

[204] WAKI K, SHIBUYA K, YOSHIDA T, ET al. Cloning of a cDNA encoding *EIN3*-like protein (*Dc-EIL1*) and decrease in its mRNA level during senescence in carnation flower tissues[J]. J Exp Bot, 2001, 52: 377-379.

[205] WILKINSON J Q, LANAHAN M B, YEN H C, et al. An ethylene-inducible component of signal transduction encoded by *Never-ripe*[J]. Science, 1995, 270: 1807-1809.

[206] WOO H R, CHUNG K M, PARK J H, et al. ORE9, an F-box protein that regulates leaf senescence in Arabidopsis[J]. Plant Cell, 2001, 13: 1779-1790.

[207] XU X, GOOKIN T, JIANG C, et al. Genes associated with opening and senescence of the ephemeral flowers of *Mirabilis jalapa*[J]. J Exp Bot, 2007, 58: 2193-2201.

[208] YAMADA T, ICHIMURA K, KANEKATSU M, et al. Gene expression in opening and senescing petals of morning glory (*Ipomoea nil*) flowers[J]. Plant Cell Rep, 2007, 26: 823-835.

[209] YAMADA T, ICHIMURA K, KANEKATSU M, et al. Homologs of genes associated with programmed cell death in animal cells are differentially expressed during senescence of *Ipomoea nil* petals[J]. Plant and Cell Physiol, 2009, 50: 610-625.

[210] YANAGISAWA S, YOO S D, SHEEN J. Differential regulation of *EIN3* stability by glucose and ethylene signalling in plants[J]. Nature, 2003, 425: 521-525.

[211] YANG T F, GONZALEZ-CARRANZA Z H, MAUNDERS M J, et al. Ethylene and the regulation of senescence processes in transgenic *Nicotiana sylvestris* plants[J]. Ann Bot, 2008, 10: 301-310.

[212] YANG C Y, HSU F C, LI J P, et al. The AP2/ERF transcription factor *AtERF73/HRE1* modulates ethylene responses during hypoxia in *Arabidopsis*[J]. Plant Physiol, 2011, 156: 202-212.

[213] ZAREMBINSKY T I, THEOLOGIS A. Ethylene biosynthesis and action: a case of conservation[J]. Plant Mol Biol, 1994, 26: 1579-1597.

[214] ZEGZOUTI H, JONES B, FRASSE P, et al. Ethylene-regulated gene expression in tomato fruit: characterization of novel ethylene-response and ripening-related genes isolated by differential-display[J]. Plant J, 1999, 18: 589-600.

[215] ZHOU Y, WANG C Y, GE H, et al. Programmed cell death in relation to petal senescence in ornamental plants[J]. J Integr plant Biol, 2005, 47: 641-650.

[216] ZHOU L, DONG L, JIA P Y, et al. Expression of ethylene receptor and transcription factor genes, and ethylene response during flower opening in tree peony (*Paeonia suffruticosa*)[J]. Plant Growth Regul, 2010, 62: 171-179.